U0896460

优秀孩子必备的9种思维10种能力

让孩子变得越来越优秀的思维与能力提升书

金宏素◎编著

中国纺织出版社

内容提要

当今社会，一切竞争都应该归结为头脑的竞争，因为头脑能催生创意，能从根本上决定成功与失败。但凡成功者，都具有一些共同的特质：积极主动，富有创造力。当然，一个人是否具有创造力，是由他的思维和能力所决定的。

本书为孩子们详细地阐述了应该具备的9种思维方式和10种能力，引导孩子学会自理，变得自强。通过阅读本书，孩子们能够理解其中的精华，从而不断完善自己，让自己变得越来越优秀！

图书在版编目（CIP）数据

优秀孩子必备的9种思维10种能力 / 金宏素编著 .—北京：中国纺织出版社，2014.3（2024.4重印）

ISBN 978-7-5180-0236-8

Ⅰ. ①优… Ⅱ. ①金… Ⅲ. ①成功心理－青年读物 ②成功心理－少年读物 Ⅳ. ①B848.4-49

中国版本图书馆CIP数据核字（2013）第294730号

策划编辑：江　飞　　　责任编辑：曲小月

特约编辑：付　晶　　　责任印制：储志伟

中国纺织出版社出版发行

地址：北京市朝阳区百子湾东里A407号楼　　邮政编码：100124

邮购电话：010—87155894　传真：010—87155801

http：//www.c-textilep.com

E-mail：faxing@c-textilep.com

北京兰星球彩色印刷有限公司印刷　各地新华书店经销

2014年3月第1版　2024年4月第2次印刷

开本：710×1000　1/16　印张：16

字数：200千字　定价：75.00元

前言

preface

21世纪的今天，相信所有人都关心一个问题——教育。不仅家长，连孩子自身都会有这样的疑问："到底怎样做才能成为真正的人才？"在回答这个问题之前，我们有必要对"人才"这个词进行分析。曾经有专业人士称，21世纪的人才必须具备以下素质：良好的行为习惯、自信心、正确人生观和价值观、意志力、团体精神、智商和情商、数理逻辑思维、语言逻辑思维、感恩惜福、沟通和礼仪。而事实上，恰恰很多孩子都不同程度地缺乏以上能力。关于以上十项素质，我们大致可以归结为两大类：思维和能力。

的确，当今社会，一切竞争都应该归结为头脑的竞争，因为头脑能催生创意，能从根本上决定成功与失败。我们发现，但凡成功者，都具有一些共同的特质：积极主动，富有创造力。当然，一个人是否具有创造力，是由他的思维和能力所决定的。

创造性思维是创造力的核心，是人类智慧的体现，不寻常的思维会引导不寻常的成功，你要想在未来社会竞争中脱颖而出，就必须学会灵活变通，学会创新。

同样，任何一个青少年朋友，无论现在正处于什么样的境况，都渴望未来在社会能够获得成功，那么，你就需要重视思维的能力。思想是超越现实的起点，同时也可能成为禁锢创新的囚笼。对于成长中的你来说，思维的成熟程度以及深度将直接决定你未来会成为一个什么样的人，做什么事情甚至是你生命的长度。当然，你需要具备的思维有九种：形象思维、类比思维、平面思维、联想思维、逆向思维、聚合思维、逻辑思维、质疑思维和移植思维。

当然，你若希望自己成为未来社会的人才，还必须重视一些能力的培养，例如，学习能力、观察能力、行动能力、表达能力、沟通能力、交际能力、应变能力、适应能力、创新能力、自理能力，这些能力就像一个人身上的器官，缺一不可。

因此，任何一个青少年朋友，如果你希望取得进步，希望在未来成为一个优秀的人，你就必须重视这些思维和能力的培养。然而，我们该怎样获得这些思维和能力呢？不得不说，任何人在成长道路上，都要有一个知心朋友的陪伴，他能指引你走好人生的每一步。而本书就是这样一位朋友，书中阐述了每种思维和能力的具体效用以及获得方法，相信在你仔细品读后，定会有所收获！

编著者

2013 年 12 月

目　录

CONTENTS

上篇　优秀孩子必备的9种思维

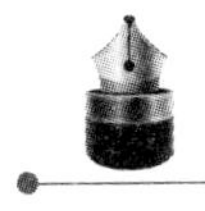

下篇　优秀孩子必备的 10 种能力

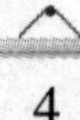

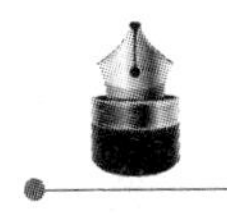

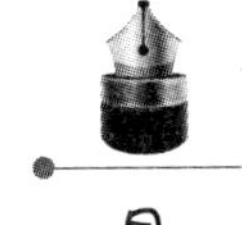

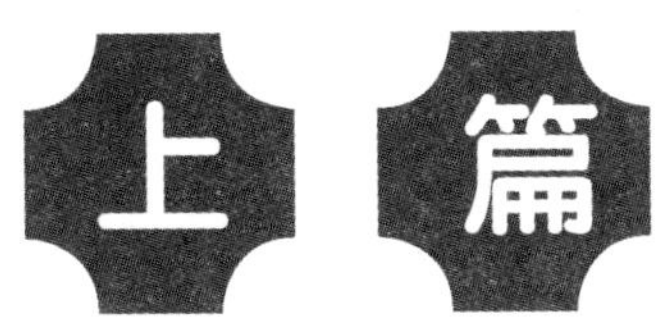

优秀孩子必备的9种思维

第1章 形象思维——在学习中把问题有形化

生活中，人们常常提及“形象思维”一词。顾名思义，它指的是用直观形象和表象解决问题的思维。其特点是具体形象性。形象记忆是右脑的功能之一。每一个青少年朋友，在日常的生活和学习中都会运用到形象思维，因此，掌握这一思维能力对于你掌握第一手资料极为重要，也有助于你对知识进行直接的理解和记忆，更有助于你直观地感受事物。

什么是形象思维

形象思维是在对形象信息传递的客观形象体系进行感受、储存的基础上，结合主观的认识和情感进行识别，并用一定的形式、手段和工具创造和描述形象的一种基本的思维形式。

我们都知道，青春期的显著标志之一是自我意识的产生和不断提高，对生活中的一些事物和现象的好奇心也不断增强，总是充满探求的欲望，因此，我们可以说，青春期也是培养一个人的良好思维习惯的重要时期。

在一个人的众多思维中，最直接、客观的莫过于形象思维。因为形象这一概念，总是和感受、体验联系在一起。另一个与形象思维相对应的概念——逻辑思维，指的是一般性的认识过程，其中更多的是理性的理解，而不是感受或体验。形象思维是用直观形象和表象解决问题的思维。

因此，形象思维的最大特点就是具体形象性。它是通过对事物形象的概括而产生的。从发展水平可区分出三种形态：

第一种——水平的形象思维是学龄前儿童（3 ~ 6 岁）的思维，它只能反映同类事物之中一般的东西，不是事物所有的本质特点。

第二种——水平的形象思维是一般成人在接触大量事物的基础上，对表象进行加工的思维。

第三种——水平的形象思维是艺术思维，它是在大量表象的基础上，进行高度的分析、综合、抽象、概括，形成典型性的形象过程。它是人类思维的一种高级和复杂的形式。

一个典型的例子是，爱因斯坦曾这样描述他的思维过程："我思考问题时，不是用语言进行思考，而是用活动的跳跃的形象进行思考，当这种思考完成以后，我要花很大的力气把它们转换成语言。"

因此，每一位青少年朋友都应该从生活和学习中有意识地培养自己的形象思维，为此，你需要做以下训练：

1. 丰富知识

青少年朋友的知识越丰富，思维也就越活跃，因为丰富的知识和经验可以使孩子产生广泛的联想，使思维灵活而敏捷。的确，那些作曲家之所以会创作出风格各异的作品，也和他们有着丰富的音乐作品表象积累有很重要的关系。因此，在日常的学习中，你要学会多看、多学，要不断地更新知识，特别是看一些动脑筋方面的书籍。当然，遇到不懂的问题，你也可以向老师或家长提问，总之，你要学会利用一切手段丰富知识。

2. 丰富你的情感

例如，生活中，当你听到了一段动听的音乐、看到一幅美丽的图画时，你会怎么做？也许你会冷漠置之，但如果你想训练自己的形象思维能力，你最好先停下来，继续欣赏，然后运用语言表达出来。

3. 经常进行选择性想象训练

你先给自己一个想象的范围，然后选择合适的方式表达出自己的想象成果。例如，你在音乐上很有天赋，你可以想象一下田园的景象，接下来，你可以在你所熟悉的曲子中选择一首作为开始音乐等。

总之，形象思维利用典型，是个别表现一般，它是引发联想、产生想象，以致启发灵感和直觉的重要诱因，是构思新假说、新理论和新设想必不可少的主要思维形式，不仅适用于文学、艺术等创作活动，而且也适用于科学创造、技术发明等活动。

青少年朋友在了解了什么是形象思维以后，就应该在日常生活和学习中多加训练自己的这一基本思维形式。

有形的事物更易被人理解

把抽象的材料形象化，把无意义材料意义化，是一种非常实用而有效的理解方法。

青少年朋友们，在日常生活和学习中，你是不是经常遇到这样的情况：你反复研究课本上那些奇奇怪怪的数学公式，但就是不明白；晚上好不容易做完作业，还得背英语单词，但无论你读了多少遍，你总是无法记住它们；学校经常会召开一些师生大会，但你根本听不懂发言的人在说什么……其实，你之所以会产生这些困惑，是因为它们太抽象了。

的确，不仅是你们，就连成人也表示对那些抽象事物的理解的难度会大很多。因为形象的、具象的事物对人们的大脑的冲击是直接的、明朗的，而抽象的事物则是间接的、隐晦的，因此，我们发现，那些善于学习、记忆力强、理解力强的人通常都有这样一个心得：把那些抽象的事物形象化，会更易于被人理解。

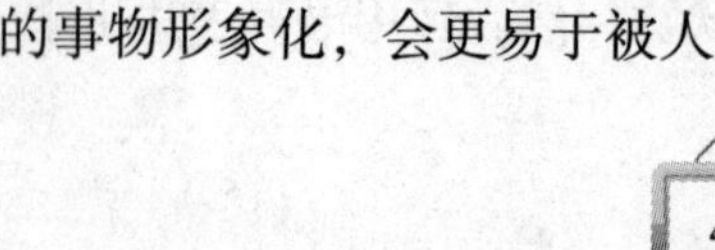

晴晴是一名八年级学生，她学习成绩优异，被同学们选为班长。因此，她最近有幸代表全校学生参加市里的演讲比赛，这次，她演讲的主题是“初中生思想道德培养”。这几天，她一直在准备演讲的材料，她既激动又担忧，毕竟，这是她第一次参加这样的比赛。

周末这天，晴晴在房间里背材料，同学打电话叫她去打羽毛球，她拒绝了。爸爸看到女儿为演讲的事耗尽了心力，有点担心，便敲开门看看情况。

“晴晴，周末也该休息一下的。”

“我知道，但是这些材料不背完，我没心情休息啊。为什么背不下来，快烦死了。”

“你把材料给我看看……”爸爸一看，晴晴背的是一则助人为乐的故事。于是，他说：“其实，你发现没，你背的这一大段虽然有故事，但多半表达的是个人的感受，也就是抒情性文字，而你在背的时候，有没有注入自己的情感呢？”

“注入自己的情感，这是什么意思？”晴晴好奇地问。

“因为你在背诵的时候，没有把自己想象成主人公，没有亲身体会到那种助人为乐的快乐，所以你表达不出那种切身的感受，也就记不住材料了。当然，即使你真的记住了，在演讲的时候也未必能打动听众。”爸爸说了很多，晴晴似懂非懂地点了点头。爸爸继续说：“其实，这些材料是死的、是抽象的，你要想把它变成自己的东西，首先要把它们形象化，容易理解的东西，也就容易记住了。”

“嗯，爸爸，我知道该怎么做了。”

故事中的晴晴之所以背不下材料，就是因为她的思维一直停留在材料表面，而没有对其进行理解和想象。不过庆幸的是，她接受了爸爸的指点，相信她会有所收获。生活中的青少年朋友们，当你遇到一些不易理解的问题时，不妨也把抽象的问题形象化，具体来说，你可以选择以下几种常用的方法：

1. 形象比拟法

这是一种用形象的事物来比拟抽象事物的方法。使抽象的事物变得直观，便于理解和记忆。例如，关于物理学中的电流，它是看不见的，但你可以把它想象成水流，这样，理解起来就容易多了。

2. 谐音法

谐音法是利用读音的相似把无意义材料转化为有意义材料的一种方法。利用谐音法要注意的原则是顺口、有趣、形象而不混淆。

3. 奇异联想法

奇异联想法就是利用奇怪的违反常理的联想把那些看上去毫无联系的东西联系在一起的方法。

下面要求你按顺序记住这八个词语，你先强记一下尝试记忆：

青蛙、热水壶、饼干、狐狸、电视机、炸弹、小鸟、树叶。

它们种类繁杂，不易分类，我们可以用奇异联想法来尝试记忆：

这天，一只青蛙从水里跳起来，看到狐狸，吓得钻进一间屋子，结果打翻了热水壶，湿了饼干，水洒到电视机里，就爆炸了，吓坏了屋外的小鸟，树叶洒了一地。

面对不易理解的事物，你要学会先转化它，运用以上这些方法，相信会对你有所帮助。

学会妙用形象思维

在很多创造性活动中，形象思维都起到了直接的供应第一手材料的作用，是否会妙用形象思维，直接关系到我们创造力的高低。

可以说，几千年以来，人类文明的进步得益于人类思维的进步，

有了思维工具，人会变得“既聪明又高明”。然而，在人类的各种思维活动中，最直接的是形象思维。形象是对感觉的直接综合和概括。有了形象，形成印象，人才能进行思维运动。形象思维，既扩大了思维的时空范围，又加强了认识的能动性。

因此，每位青少年朋友，在培养自己的思维能力这一点上，都要重视并且学会妙用形象思维。相信你们都使用过鼠标，而鼠标的发明，可以说就是形象思维的妙用。

鼠标被 IEEE 列为计算机诞生数十年来世界计算机业界最重大的事件之一。“老鼠”和芯片一道闯进了计算机殿堂。

发明者、美国人道格拉斯·恩格尔巴特曾经只把自己的构思画在了笔记本上，然后，他随身携带这本笔记本达数年之久。

在 20 世纪 60 年代初的一次会议上，他感到会议很无趣，便随手掏出自己的笔记本，然后画了一只可爱的小老鼠，不过与众不同的是，这只老鼠的尾巴比真正的老鼠要长很多，这就是后来的鼠标的雏形。

后来，谁也没想到的是，这只小小的老鼠竟然投入生产并走进千家万户。你轻轻一点，就能随心所欲地操纵计算机。

打开从无意到有意进化之门需要一把钥匙，掌握了这把钥匙，就等于把握住了形象思维的方式。

青少年朋友们，形象思维的认识风格与一个人的创造力的高低是成正比的。如果你想成为一个善于创造的人，你就必须学会妙用形象思维，具体来说，你需要做到：

1. 以全新的眼光观察第一手材料

生活中，当你看到图章的时候，你能想到什么？当你伸出双手、面对十根手指的时候，你又能想到什么？也许你会无动于衷，因为这些事物对于你来说早已屡见不鲜了，而古人看到这两点，却发明了活字印刷和“十进法”。

上海一个 6 岁孩子画了一幅到月球上荡秋千的水墨画，荣获了 1979 年世界儿童画一等奖。就绘画技巧来说，有的孩子比他画得好，但是为什么他却获得了一等奖呢？因为这幅画的构思独特。

因此，从今以后，当你接触到某种事物时，常使用与众不同的思维来看待吧！

2. 勤于思考

形象思维遵循认识的一般规律，即通过实践由感性阶段发展到理性阶段，达到对事物本质的认识。妙用形象思维，最终的目的还是要通过理性思维的加工而达成深层次的见解，因此，妙用形象思维并不是要你只停留在感官阶段。

青少年朋友们是创造性的一代，当然，要富有创造力，你就要在日常生活中注意培养自己的形象思维能力。

给你的思维插上想象的翅膀

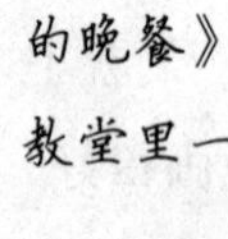

想象是人脑对过去经验的认识，在此基础上通过人脑的主观能动加工、改造，创造出新形象的过程。

高尔基曾说过：“想象在其本质上也是对于世界的思维，但它主要是形象的思维，即‘艺术的思维’。”可见，想象是很多创造性活动中最为活跃的思维方式之一。而人们常说：“世界上最善于想象，最富有想象力的就是我们的儿童，因为他们的心未受到任何条条框框的禁锢。”对于自我意识渐强的青少年朋友来说，要想培养自己的形象思维能力，就必须开发你的大脑，让你的思维插上想象的翅膀。我们先来看一则关于达·芬奇的故事：

达·芬奇在创造上一直持着严谨的态度。曾经，他在创作《最后的晚餐》时，不知道如何下笔，他终日看着未完成的画，偶尔添上几笔。教堂里一位副院长看到后，便向委托人米兰大公汇报，说达·芬奇整

天游荡。

当大公问及时，达·芬奇和蔼地回答："画家必须想好了才可以动笔，特别是两个头至今我画不好。一个是基督那种仁慈的美，一个是犹大的头，我想不到一个人得到那么多好处，竟会背叛其恩人。不过，为了快一点，我发现这位副院长的头是可以放在犹大的身上的。"

从达·芬奇的话中，我们发现，创作离不开形象思维，而形象思维离不开想象。形象思维必须借助想象力才能完成。

其实，每一个青春期的孩子，都是善于想象的，小时候，当你对外在世界不理解时，你会询问父母，父母的解释就成了你眼中的真理。而到了青春期，当你有疑问时，你会选择自己求知，求知欲的增强会激发你想象，这也会让你的形象思维能力得到增强。

当然，想象的方式、方法有很多，其中，现实性想象与虚幻性想象是其主要的形式。

1. 现实性想象——再造想象

从不同视角通过联想来刻画事物特征。例如，"假如我变小了"、"用放大镜看的事物"等，寻找不同视角，通过观察，展开联想从而获得新的感觉、新的信息，从而创造出新的、富有趣味的形象。

2. 虚幻性想象——创造想象

美妙的梦幻、远大的理想都是虚幻性想象的好题材。例如，"外星人"、"机器人保姆"、"魔法王国"等。

虚幻性想象赋予万物以生灵，缩短时空之间距，并通过大胆想象，创造出生动、奇特的艺术形象来，另外，在创作过程中还能使你从小养成热爱科学的好习惯。

的确，从创造力培养的角度看，如果你能做到毫无顾忌地大胆挥洒，会有利于你即兴的联想和创作，也在无形中养成敢于创新、勇于冲破思维定式的良好习惯。

青少年朋友们，想象力能为你思维的飞跃提供强劲的推动力。因

此，在生活中，你要经常发现问题并提出问题，然后通过猜想来打开思路，发挥自己的想象力。

激发兴趣能启发你的形象思维

兴趣是人们的向导，是学习的动力之一，激发兴趣更是启发思维、激活内因的手段。

生活中，人们常说："兴趣是最好的老师"，也是人们自觉求知的内动力。同样，青少年朋友在启发自己的形象思维能力时，也应重视培养自己的兴趣。因为形象思维是直接利用感官接受具体形象信息的，然后才在大脑中形成表象，使抽象的语言变成具体的、直观的且有些趣味性的概念。当然，这里的兴趣，指的是你应该培养自己多看、多听、多想的习惯。

我们熟悉的玛丽·居里夫人的丈夫比埃尔·居里就是一个善于观察，对观察充满兴趣的人。

比埃尔·居里于1859年5月15日生于巴黎一个医生家庭。他在童年和少年时期，并没有显示出与众不同的聪明。那时候的他在性格上喜欢沉思，不易改变思路，沉默寡言，反应缓慢，不适应普通学校的灌注式知识训练，不能跟班学习，人们都说他心灵迟钝，所以他从小没有进过小学和中学。

为此，父亲常带他到乡间采集动物、植物、矿物标本，培养了他对自然的浓厚兴趣，学到了如何观察事物和如何解释它们的初步方法。居里14岁时，父母为他请了一位数理教师，他的数理进步极快，16岁便考得理学学士学位，进入巴黎大学后两年，又取得物理学硕士学位。1880年，他21岁时，和哥哥雅克·居里一起研究晶体的特性，发现了晶体的压电效应。1891年，他研究物质的磁性与温度的关系，

建立了居里定律：顺磁质的磁化系数与绝对温度成反比。他在进行科学研究时，还创造和改进了许多新仪器，如压电水晶秤、居里天平、居里静电计等。1895年7月25日，比埃尔·居里与玛丽·居里结婚。

从比埃尔·居里的故事中，我们可以发现，他在物理上的成就，得益于他早年对大自然的兴趣。的确，深层次的大脑活动都是从最基础的表象开始的，如果你能对周围的事物始终保持敏锐的观察力，激发自己求知的兴趣，那么，你就会学有所获。

那么，青少年朋友该怎样培养自己的兴趣以启发形象思维呢？

1. 多看

人们常说："两耳不闻窗外事，一心只读圣贤书。"其实，在启发形象思维这一点上，你必须学会多看，看看大自然，看看新闻，看看周边的人和事，用你的眼睛去感触外面的世界，这样你才会获取更多直观的知识，才有继续探讨的兴趣和热情。

当然，多看并不是说要你在学习的同时三心二意，而是说你应该保持敏锐的观察力，不"读死书"、"死读书"。

2. 多听

我们都长着一双倾听世界的耳朵，当蜜蜂从你耳边飞过的时候，你有什么感悟？当你听到两段不同的曲子时，你的心情又有什么变化？不同的鼓敲出来的声音为什么不一样……让你的耳朵随时保持敏锐的状态，你就能听出一个与众不同的世界。

3. 多想

看与听都是形象思维的初级阶段，对你所收集来的材料，如果不经过大脑的处理，那些材料只能成为废弃物。因此，开发你的大脑，找到答案，你会发现，不断探究的过程别有一番趣味。

任何人，要想建筑成功的大厦，都必须有先天的或经后天培养而成的兴趣基础。有了兴趣，才有可能培养和形成敏锐的感觉与反应，

累积可供运用和发挥的技术与技巧；有了兴趣，才有无穷的动力使你在某个领域越钻越深；有了兴趣，才有勤奋，有了勤奋，才能成就辉煌和成功。

开发你的右脑

形象思维是凭借头脑中储备的表象进行的思维。这种思维活动是靠右脑进行的，因为右脑主要负责直观的、综合的、几何的、绘画的思考认识和行为。

相信每个青少年朋友都知道这样的常识，人的大脑分为左脑和右脑。那么，左脑和右脑的分工有什么不同呢？

左脑主管的是语言、推理、判断、计算、阅读等；右脑主管的是知觉、图形、色彩、旋律、想象等。右脑也被称为“图像脑”，负责处理声音和图像等具体信息，具有想象、创意、灵感和超高速记忆和计算等功能。

每一位青少年朋友都要重视右脑的开发，这对于你的学习能力很有帮助，有助于你学会学习、懂得学习、热爱学习。

右脑开发就是使用各种适合右脑工作的方法来激活右脑，使右脑的巨大潜能得到发挥。开发右脑中隐藏的丰富想象力、无穷的创造力、高速的记忆能力、快速的理解力、正确的直觉能力。

那么，你该如何开发右脑呢？具体来说，有以下专业建议：

1. 刺激指尖法

开发右脑，国外学者主张从儿童做起，如前苏联著名教育家苏霍姆林斯基曾说：“儿童的智力发展表现在手指尖上。”他将双手比喻为大脑的“老师”。人体的每一块肌肉在大脑层中都有着相应的“代表区”——神经中枢，其中手指运动中枢在大脑皮层中所占的区域最广泛。现在许多父母让孩子练习弹琴，实际上就是很好的指尖运动。随着双手的准确运动就会把大脑皮层中相应的活力激发出来，尤其是左右手并弹的钢琴、电子琴。

2. 幻想

想象力是右脑游戏的动力源泉，同时，幻想能帮助你开发右脑。

例如，你可以想象有一个乐园，你拥有一把开启幸福乐园的钥匙，当你打开此门时，你看到了什么？谁接待了你？那里发生了什么？当你走入乐园时，你不但精神得到了放松，你的想象力也得到了提升。

3. 体育活动法

因为在运动时，人们的大脑中形成的某种鲜明形象和细胞比在身体静止时来得更快，由于右脑的活动，左半球的活动受到某种抑制，人的思想或多或少地摆脱了现成的逻辑思维方法，灵感经常会瞬间迸发。

例如，每天吃完晚饭，你可以和父母打打羽毛球或者与爷爷奶奶一起跳跳老年操，这样，你就能在运动时有意识地锻炼左手和右脑。

4. 借助音乐的力量

右脑对音乐反应灵敏。心理学家发现：音乐可以开发右脑。不知道你是否有这样的经历：吃晚饭时，你无意中听到了电视剧中的一句广告词，仅仅听了一次，你便能记住广告中所代言的产品或者提供的服务。因此，你也可以把音乐纳入日常生活中来，例如，把你难背的英语单词都谱成歌曲，或者把你记住的历史人物也谱上曲子，那么，学习生活也就变得更加轻松愉快了。

另外，你还可以在做其他事时，放上一段音乐，主动营造一个音乐背景。音乐由右脑感知，左脑并不因此受到影响，仍可独立学习，这样，你的右脑便会在不知不觉中得到了锻炼。

5. 注重开发右脑的时间

我们都知道，潜意识很容易受到微小图像的影响而摇摆不定。你可以在一天中，右脑最容易接收信息的时间里，来充分利用右脑的敏感性。

最佳的时间段有：清晨、小睡、睡前及睡眠过程。

这些都是播放学习磁带——外语、古典音乐、演讲、听力的最佳时间。你也可以录制一些能够提升自己，鼓励进步的积极话语，例如，“努力学习，你一定会成功！”

人的右脑具有直观性的整体把握能力、形象思维能力、独创性等，所以你必须明白，右脑的开发对于你的思维能力的锻炼是大有裨益的。

第2章 类比思维——学会比较，发现新知识

英国的培根有一句名言："类比联想支配发明。"的确，类比思维方法是解决陌生问题的一种常用策略。任何发明创造都离不开类比思维。因此，每个青少年朋友都应该重视类比思维的培养。当然，类比思维离不开联想，只有有了联想才能有类比思维，不论是寻找创造目标，还是寻找解决的办法都离不开联想的作用。你若想用好类比思维，第一步就必须提高联想能力。

学会类比，有比较才有区别

类比是我们认识客观事物的基础，类比也是人类区别和确定事物异同关系的最基本的思维方法。

青少年朋友们，在日常的学习和生活中，不知道你是否遇到过这样的情况：隔壁邻居家的两姐妹长相十分相似，你经常叫错她们的名字；历史课上，老师为你讲解了两次历史事件，但你却经常混淆；英语课上，你经常将两个发音差不多的单词读错……那么，怎样避免这些情况的发生呢？其实，只要你仔细比较，就能发现被你混淆的对象之间的区别，也就是人们常说的"有比较才会有鉴别"。这里，就考验了你的类比思维。

那么，什么是类比思维呢？

"类比思维"方法是解决陌生问题的一种常用策略。它让我们充分开拓自己的思路，运用已有的知识、经验将陌生的、不熟悉的问题与已经解决了的熟悉的问题或其他相似事物进行类比，从而创造性地解决问题。

举个很简单的例子。语文课程中，你需要掌握的知识点实在太多了，而这些知识点是成体系的，当然，它们之间还有同类关系，有相背关系，有包容关系，也有排斥关系……如果你不对它们进行研究，然后比较的话，恐怕你很难看清楚它们之间的区别，也经常会将它们混淆，而你要比较的范畴很广，有时候会小到一个字的古音，一个词的语法含义等。

另外，作为一种古老的认识事物的方法，比较的方法也焕发了勃勃的生命力，比较文学、比较教育学、比较心理学、比较社会学等都是运用了比较方法的学科。在我们进行数学教育时，比较法同样可以拿来为我们所用，用来探究数学教育教学问题。

再以酒精和水为例。当你仅凭视觉来判断这两种颜色相同的液体时，你能观察出什么不同吗？当然不能，你必须借助嗅觉来实现，而如果没有比较的过程，你很可能因为混淆它们而出现一些失误。

英国的培根有一句名言："类比联想支配发明"。他把类比思维和联想紧密相连，只有有了联想才能有类比思维，不论是寻找创造目标，还是寻找解决的办法都离不开联想的作用。

当然，你若想用好类比思维，就必须提高联想能力，学会联想方法，特别是掌握相似联想，是运用类比思维的重要条件。

具体来说，在生活中你可以这样培养自己的类比思维能力：

1. 找出事物之间的相似性

两个事物之所以可以拿来作对比，就是因为它们有可比性，也就是存在一定的相同或者相似性。还以酒精和水为例，将它们相比，是因为它们都是透明的液体。

当然，有时候，某些事物之间看似是没有关联的，但其实，它们

的相似性是隐性的，需要我们去挖掘，例如，某两道解答方式差不多的数学题，老师在出题的时候，为了锻炼你们的识别能力，他们会选择形式完全不同的表现方法。

2. 找出事物之间的区别

这是类比的最终目的。当然，要做到这一点，需要你“拨开迷雾”，看到现象背后的本质。学会类比，能锻炼你的识别能力和记忆能力，最终形成较强的学习能力。

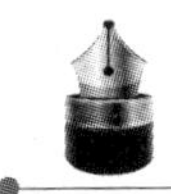

以两片形状几乎相同的树叶为例。从表面上看，它们的形状相同，但如果你观察它们的经络，你就会发现它们的构造其实是完全不同的，其实，人们常说的“世界上没有两片完全相同的叶子”就是通过这种比较进而得出结论的。

学会和掌握类比思维的基本思路，能帮助你迅速找出事物之间的异同点，最终形成自己的印象，帮你提高判断力和学习的能力。

运用类比思维法理清思路

类比思维不仅是培养人们创造性思维能力的重要形式，更是帮助人们理清思路、解决问题的重要方法，它具有较强的探索和预测作用，因此，在学习和生活中锻炼你的类比思维能力，能突出问题的本质，而且有助于培养你的创造能力等思维品质，提高认识问题和解决问题的能力。

我们深知，每个青少年朋友的最主要任务就是学习，然而，在学习的过程中，尤其是解答那些数理化题目时，你是否经常出现思路混乱的情况？其实，要解决这一问题，你可以采用类比思维法。因为类比思维法找到事物之间的相似性和特殊性，进而将事物区别开。的确，类比的过程，就是从特殊到特殊，由此及彼的过程，做到“他山之石，可以攻玉”。从两个或两类对象具有某些相似或相同的属性事实出发，推出其中一个对象可能有另一个或另一类对象已经具有的其他属性的思维方法。该方法是古今中外许多知名人士最常运用的一种解决问题的方法，由这种方法所得出的结论，虽然不一定可靠、精确，但富有创造性，往往能将人们带入完全陌生的领域，并给予许多启发。

我们先来看下面一个故事：

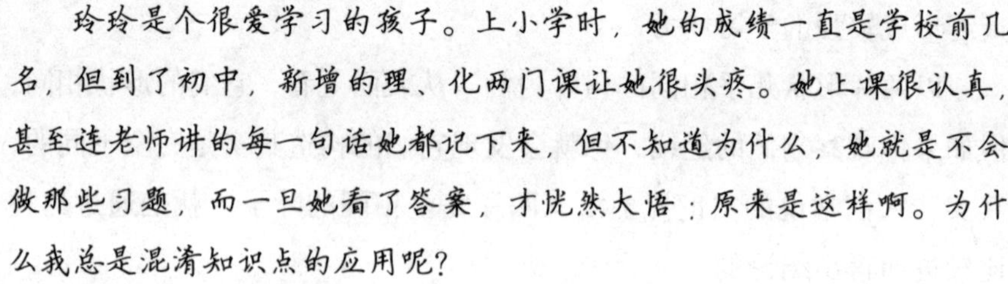

玲玲是个很爱学习的孩子。上小学时，她的成绩一直是学校前几名，但到了初中，新增的理、化两门课让她很头疼。她上课很认真，甚至连老师讲的每一句话她都记下来，但不知道为什么，她就是不会做那些习题，而一旦她看了答案，才恍然大悟：原来是这样啊。为什么我总是混淆知识点的应用呢？

周末这天，玲玲还是和往常一样在家恶补一周以来做错的习题，同学盈盈找她玩，玲玲没心思地应付她：“对不起啊，你自己去吧，这些习题不解决，我今晚睡不着的。”

“什么题目让我们的大小姐这么头疼啊？”

“哎，就是那些单元习题咯，我不明白，为什么我总是做错。”玲玲深深地叹了口气。

“好吧，看在你是我好朋友的份儿上，我就教你个绝招吧。”盈盈开玩笑说。

“什么绝招？”

“那我先问你，你在运用那些公式解答的时候，你是不是经常感觉有很多公式都适合？是不是觉得有点模棱两可？”盈盈问道。

“是啊，你怎么知道？”

“那就对了，这是因为你在听老师讲课的时候，只记住了每个公式和知识点的形式，而没有将它们之间的区别、联系以及不同的运用范围弄清楚，很多题目，其实只要你抓住一个关键字眼，就知道怎么解题了。”

“是啊，我怎么没想到呢？还是你厉害，怪不得有人叫你‘理化小

皇后’呢，哈哈。”

得到盈盈的指点后，玲玲很快解答了手上的这道题。

生活中，可能有很多青少年朋友在学习上都遇到了和玲玲一样的困惑，如果你也能接受盈盈的建议，先弄清楚知识点之间的联系，将它们进行对比，那么，在解题时，你的思路就会清晰很多。

类比思维是一种或然性极大的逻辑思维方式，它的创造性表现在发明创造活动中人们能够通过类比已有事物开启创造未知事物的发明思路，其中隐含有触类旁通的含义。它把已有的事和物与一些表面看来与之毫不相干的事和物联系起来，寻找创新的目标和解决的方法。

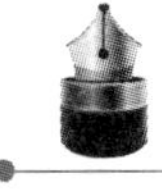

无论是在生活中还是学习中，我们都要善于运用类比思维，它会使你拥有一双慧眼，能鉴别出事物之间的差异，最终帮你理清思路，找到解决问题的出路。

直接类比：寻找最直接的相似点

直接类比就是从自然界或已有的成果中寻找与创造对象相类似的东西作比较。直接类比是其他类比方法的前提和基础。

“类比思维”方法是解决陌生问题的一种常用策略。类比思维的方法有很多，其中就有直接类比法。什么是直接类比法呢？简而言之，直接类比就是在自然界或社会现象中寻找与思考对象相类似的事物，在原型和已知成果的激发下产生灵感，找到解决问题的新方法。

这种类比的例子，古今中外比比皆是。我国战国时期墨子制造的“竹鹊”、三国时期诸葛亮设计的“木牛流马”、唐代韩志和创造的能飞行的飞行器等，都是仿生学的直接类比。鲁班发明锯子，也是同带齿的草叶把人手划破和长有齿的蝗虫板牙能咬断青草获得直接类比实现的。

19世纪20年代，英国要在泰晤士河下面修建地下隧道。传统的地下施工方法是“支护施工法”，这种方法施工进度非常慢，而且经常会遇到塌方事故。工程师布鲁内尔为如何更好地在地下施工而大伤脑筋。

有一天，布鲁内尔无意之中看到一只木虫在挖橡树，它先用嘴挖出树屑，然后将自身的硬壳挺进去再继续向前挖。他突然想到，这和挖隧道不是一样的道理吗？如果先将一个空心钢柱体打入松软的岩层中，然后在这个“构盾”的保护下进行施工，不就安全多了吗？他把这个设想付诸实践，于是就有了世界上著名的“构盾施工法”。

可以说这是类比法的重大成果。现在市场上紧俏的电瓶脚踏车，其动力系统就是通过与电瓶车的动力系统的直接类比制成的。

有趣的是进化论的奠基人达尔文，他在创立动植物世界优胜劣汰的自然选择理论时，竟在马尔萨斯的《人口论》一书的浏览中获得了直接类比，真是“踏破铁鞋无觅处，得来全不费工夫。”

直接类比的思维过程可以分为两个阶段。

第一阶段：把两个事物进行比较。

第二阶段：在比较的基础上进行推理，即把其中和某个对象有关的知识或结论推移到另一个对象上去。这种类比法主要是把事物中显而易见的外在结构作为思考点，如在荷叶结构的启发下发明了雨伞。直接类比法在科学研究、工程设计等方面的应用很广。

运用直接类比法，你可以尝试把自然界中或社会中的各种现象和原理为我所用，让它们在你的研究领域中发挥作用。当然，青少年朋友，你若想训练自己的直接类比思维能力，还需要具备很好的观察力，大自然处处向我们显示神奇，但是这需要我们去发现。

拥有一双十分敏锐善于发现的眼睛，可以帮助我们找到自然界和生活中对我们有用的属性，然后将其应用于更广阔的领域中，从而带给我们更大的价值。

间接类比：非同类事物的间接对比

运用间接类比法的重要意义在于某一理论或事物的某一特征能够在更大的范围内发挥作用。

青少年朋友们，相信你已经认识到类比思维的重要性，但你也许会产生这样的疑问，在运用类比思维解决问题时，如果找不到同类事物进行类比，该怎么办呢？其实，此时，你可以运用间接类比。间接类比法是指将不同的事物放在一起进行比较的创新方法。间接类比虽然不像直接类比运用得那样广泛，但是它可以扩大类比范围，使更多的事物进入我们的思考领域。这样，可以帮助我们开拓思路，产生新的创造活力。

其实，类比思维的精髓就在于触类旁通，生活中的很多道理都是相同的，某一领域的经典原理同样可以适用于另一个领域。运用间接类比可以使你打开思路，从另一个崭新的角度看待我们所熟悉的问题，从而获得解决问题的新途径。

举个很简单的例子，对于你熟悉的物理学中学到的惯性原理，可以把它运用在乐器演奏中，演奏中巧妙地运用它便能自如地运气，进而使口腔和手指的动作更加轻松、自如、流畅，演奏出更加精彩、美妙、动人的乐曲。

再如，我们都知道负离子在医疗中的作用，它可以消除疲劳，对于治疗哮喘、高血压、心血管病都有很好的辅助作用。但是，为了享受负离子带来的美妙功用，人们不得不经常去度假，因为这些负离子只在高山、森林、海滩、湖畔处才较多。这无疑会耽误人们的时间，因此，为了帮助人们实现不亲临自然界就能享受负离子的功能，科研人员运用间接类比的方法研制出用水冲击产生负离子，后来又发明了电子冲击法。市场上销售的负离子发生器运用的就是这个原理。

从这个案例中我们可以看出间接类比的特点，即我们希望得到某种有益的属性，但是又不可能全盘模仿，只能通过另一个途径来达到这个目的。

如果你是个细心的孩子，那么，你会发现，你的班主任老师在管理班级方面很有一套，其实，他也是运用了间接类比的思维方法。正如阿基米德曾经说过的：“如果给我一个支点，我就可以撬动地球。”

当他准备把一项任务交给某人去做的时候，首先考虑的就是此人能不能承担相应的责任，这个责任类似于杠杆的支点，责任越重大，支点离施力点越远，就越不容易撬起来。相信这就是班主任老师会让那些成绩优异、品性良好并且有管理能力的学生当班长的原因了。

那么，到底该怎样使用间接类比思维法呢？在进行间接类比训练的时候，你可以随便选取两个毫不相干的事物，然后把其中一个事物的某个特征应用到另一个事物，看看能得到什么样的结果。当你用间接类比处理问题的时候，应该以思考对象为中心，把自然科学和社会科学中的各种理论与思考对象相匹配，看能否从中找到新的解决问题的思路。

当你看到了事物的某一特征之后，要问一问自己，这个特征还能够在哪些领域应用呢？还能给我们带来什么好处呢？如果你经常去作这些间接类比，并且通过自己的大脑有意识地思考，那么，你的思维就是一种积极的思维，或者说是一种创新的思维。

形状类比：在形状的启发下进行创造

事物的形状给人的视觉冲击力是最强的，对事物的形状进行联想和对比，是发明创造活动最直接的灵感来源之一。

细心的青少年朋友，当你看到荷叶时，你能想到什么？荷叶很美？荷叶能承载雨水？也许你只能想到这些，而我们的木匠祖师鲁班就能想到怎样发明雨伞。

传说中有这样一个故事：

鲁班曾在路边建造过很多亭子，方便过路人在亭子里休息，雨天的时候可以避雨，晴天的时候可以遮阳。有一次，他在雨天遇到一个匆忙赶路的人。那人怕耽误时间，只在亭子里待了一会儿就又冒雨前行了。鲁班心想，如果有一种能够随身携带的亭子就好了。

有一天，鲁班看到一群孩子在水边玩耍，每个人头上都戴着一片荷叶。他想到荷叶既能遮阳又能挡雨，不就是一个移动的亭子吗？回家以后，他受荷叶外形的启发，先用竹子做了一个支架，然后在顶上蒙了一块羊皮，模仿荷叶的外形制作了一把伞。后来，为了方便携带，他又发明了能开能合的伞。

这里，鲁班之所以看到荷叶而想到雨伞，就是运用了类比思维的方法，只不过他类比的切入点是事物的形状，这就是形状类比。

形状类比包括形象特征、结构特征和运动特征等几个方面的类比，不论哪个形式都依赖于创造目标与某一装置或客体在某些方面的相似关系。如飞机与鸟类、飞机与蜻蜓，由鸟的飞行运动制成了飞机，飞机高速飞行时机翼产生强烈振动，有人根据蜻蜓羽翅的减振结构设计了飞机的减振装置。天津一个学生根据小狗爬楼的运动方式创造了狗爬式上楼车等都是类比的结果。

我们再来看下面一个生活中的小故事：

明明今年上初二，他是个聪明并且很孝顺的孩子，每年爸妈的结婚纪念日，他都会精心准备一份礼物。

今年，明明准备给爸妈一个惊喜。这天早上，他拿出自己的压岁钱买了一兜橘子在班上派发，大家感到莫名其妙，明明说："大家帮个忙啊，剥橘子的时候，尽量别毁坏橘子的大致形状，今天是我爸妈结婚纪念日，我想用这些橘子皮做些灯，肯定很浪漫。"

女生尖叫起来："明明，你太浪漫了，你爸妈真幸福。"

当然，同学们都很配合他，大家按照明明的指示，利用几个课间的休息时间就做好了灯。晚上放学后，明明就给爸妈打电话，让他们在外面先吃顿烛光晚餐，等到八点再回来。明明这样做，是为了让自己有更多时间做足准备工作，他考虑得很周到，如果用蜡烛做灯芯，万一着火就不得了了，因此，他买来一些声控的小灯，然后放在被掏空的橘子皮中，再用绳索将它们串联起来，灯光看起来非常柔和。

八点的时候，爸妈开门进来了，看到满屋晕黄的灯，再看到屋子里的横幅："儿子祝爸妈百年好合。"他们很吃惊，但同时也很高兴，妈妈还感动得流下泪来。

晚上，爸爸问明明："你是怎么想到用橘子皮做灯的？"

"那天晚上，我们在小区公园散步，我看见小区的路灯是用乳白色的玻璃罩住的，灯光很美，那时候我们正在吃橘子，我马上想到，橘子的形状不正好和玻璃罩差不多吗？"

"嗯，好小子，将来你拿这招来追女生肯定百发百中啊，你瞧见没，你妈感动得不行了。"

……

故事中，明明制作橘子灯的灵感就是形状类比思维的成果。的确，很多时候，那些发明创造者都是利用这一思维方法来寻找灵感的。

青少年朋友们，在日常生活中，当你看到某个形状特别的事物时，你不妨也联想一番？它像什么？它的形状有什么特点？多思考，你就可能找到发明创造的灵感。

形状给人的感觉是最直观的，也最容易引起人们的联想。你若想培养自己的创造力，就要在日常生活中多培养自己的观察力。

功能类比：依据相似的功能进行类比

功能类比的精髓在于将事物间的功能进行对比，善于运用功能类比思维的人，必定是个有创造能力的人。

在类比思维的几种方法中，除了形状类比、直接类比、间接类比外，还有一种类比方法——功能类比。功能类比是根据人们的某种愿望或需要类比某种自然物或人工物的功能，提出创造具有近似功能的新装置的发明方案，这种方法在仿生学研究上有广泛应用，如各种机械手、鳄鱼夹等。

人们发现，蚂蚁在外出寻找食物的时候，会不时地返回蚁巢中心调整导航系统，以防迷路。蚂蚁不但通过路标来确定方向，还拥有一种名为“路径整合器”的备份系统，会对其走过的距离进行测量并通过体内的罗盘不时地重新测算蚂蚁所在的位置，这使蚂蚁能够找到直线返回巢穴的路径。现在科学家利用这一理念制造出了更加智能化的机器人。苏黎世大学的马库斯·克纳登教授指出，如果从蚂蚁那里学到路径整合以及识别路径的知识，就能够将这些知识用到机器人身上，包括在重要位置重新设置、调整导航系统，这将会使机器人在辨别方向的性能上更为可靠。

利用蚂蚁的行走路径发明了机器人，这就是功能类比思维的结果。青少年朋友们，你们在观察事物时，也要多观察事物的功能，然后再进行一定的联想，你就有可能成为下一个发明创造者。

我们再来看下面一个故事：

19世纪的某一天，有一位贵族小姐找雷内克医生看病，只见她面容憔悴，手捂胸口，好像病得不轻。听她讲述完病状之后，雷内克认为她可能得了心脏病。但是要想诊断，还得听心脏的声音。那时的做法是隔着一条毛巾把耳朵贴在病人的胸廓上进行诊断，但是这种方法显然不适合用在贵族小姐身上。雷内克心想能不能用别的方法呢？

他想到前些天在街上看到的一件事：几个孩子在木料堆上玩，一个孩子用铁片敲打木料的一端，让另一个孩子在另一端听有趣的声音，雷内克一时兴起，也听了听。想到这里他灵机一动，马上找来一张厚纸，将纸紧紧地卷成一个圆筒，一头按在小姐的心脏部位，另一头贴在自己的耳朵上。果然，小姐心脏跳动的声音甚至连其中轻微的杂音都被他听得一清二楚。他高兴极了，告诉小姐的病情已经确诊，并且一会儿就可以开好药方。随后，他请人制作了一个中空的木管，长30厘米，直径0.5厘米，这就是世界上第一个听诊器。

当然，要学会功能类比思维法，还需要你做到：

1. 善于观察，找到事物的最本质功能

就如同故事中的雷内克医生一样，听诊器的发明，就是因为他对生活留了个心眼，平常孩子们玩的游戏，也许你会一笑而过，但他却能看到事物背后的本质问题，并最终发明了听诊器。因此，如果你也是个对生活热心和细心的人，那么，生活也会回报你。

2. 善于联想，寻找到有类似功能的事物

其实，这就是一个反向思维的过程，如果你想要发明创造什么，你就要去寻找有类似功能的事物，并从这些事物中找到它的功能所在，然后加以运用。

如果你能在生活中多加留意，多加思考，多加比较，你就能成为一个善于运用创造性思维解决问题的人。

幻想类比：幻想也能发明创造

在我们进行幻想类比思考训练的时候，应当让大脑尽可能地打开思路发挥想象，不受任何逻辑和常规思路的限制。这对于解决问题是非常有益的。

青少年朋友们，在你很小的时候，你是不是有过这样一些幻想：要是有一双翅膀就能飞了；要是能隐形就好了，爸爸妈妈就找不到了；要是……其实，千万不要因为这些只是幻想，也许未来的某一天，它们都能变成现实。的确，人类的进步、很多发明创造都来源于人们的幻想。如《海底两万里》的作者幻想了一种能长时间在海底活动的潜艇，经过几十年的努力制成的现代潜艇即是这种幻想的产物。

这种发明创造法就是幻想类比法。所谓幻想类比，指的是根据幻想中的某种形象、某种作用、运动装置进行发明创造的思维。戈登就该法指出："当问题在头脑中出现时，有效的做法是，想象最好的可能事物，即一个有帮助的世界，让最能满意的可能见解来引导最漂亮的可能解法。"

爱因斯坦构思相对论问题时曾想：如果以光速追随一条光线运动，会发生什么情况呢？这条光线就会像一个在空间中振荡着而停滞不前的电磁场。正是这一类幻想类比，打开了"相对论"的大门。科学中的"理想实验"，都包含着许多幻想类比因素。甚至，古今中外先进思想家关于人类社会各种"理想模式"的理想，也包含着许多幻想类比因素。

这种思考法有两条思考路径：

第一条，用神话故事或者科幻小说中的事物与现实中的事物进行类比，改进现实中的事物，赋予它前所未有的特性与功能。例如，人们想要设计能自动驾驶的汽车，就会想到神话中用咒语启动地毯飞翔的故事，由此启发人们运用声电变换装置来实现汽车的自动驾驶。

古代的神话、故事、童话，大多是不能解决问题时产生的幻想。

在科技迅猛发展的时代，人们利用幻想解决问题已成为现实。

借用幻想、神话和传说中的大胆想象来启发思维在许多时候是相当有效的。在这里，我们首先要强调的是，幻想类比就是要运用幻想来激发想象力。幻想就如同帮助我们能够顺利过河的“垫脚石”，只是一个工具而已，幻想并不是我们马上就要实现的目标。由于古代的神话故事是当时的人们在与大自然作斗争的过程中不能解决问题时产生的幻想，而在科学技术日益发达的今天，幻想反而会带给人们许多有益的启示。

有一个物理学家正在研究如何扩大电压的变压器。一次偶然的机会，他看到了传说中雷公的画像，画像中的雷公身穿虎皮、背负大鼓、手持铁锤，形象十分威武庄严。他看到虎皮的花纹是黄色夹有黑色的条纹，忽然头脑中有了主意：“把电线按照虎皮花纹那样排列成一个线圈，而电流通过线圈要产生磁场，磁场又能转化成电能，那么对于强如闪电般的瞬间电流，岂不可以产生强大的电阻吗？”在这个想法的引导下，经过不断研究，他终于发明了变电器。

第二条，从眼前的事物着手进行幻想，创造出新的事物。通常人们想当然地认为文学家、艺术家利用幻想类比是理所当然的，而科学家或工程师则不应当让白日梦占据自己的头脑。相对来说，科学家和工程师理应更严谨审慎，确实需要具有更好的逻辑思维能力，但是这并不意味着幻想对他们没有作用。事实上，科技工作者应当而且必须给自己一定的幻想空间和自由才能获得突破性的发现和发明。

运用幻想类比思考法，首先你要把自己当做无所不能的天神或者超人，你具有改造自然的超强能力，至少你可以发挥自己的想象力去解决问题。然后，请你运用神奇的幻想寻找可能的解决问题的办法。

第3章 平面思维——给自己多一点选择

生活中，我们常常听到人们提到平面思维。所谓平面思维，是指人的各种思维线条在平面上聚散交错，也就是哲学意义上的普遍联系，这种思维更具有跳跃性和广阔性，联系和想象是它的本质。简单地说，平面思维是相对于线性思维而言的。每位青少年朋友在培养自己的平面思维能力时，也应该抓住这一要义，在思考的时候多给自己一些选择，不局限于常规思维，你会发现，很多问题就会迎刃而解。

这扇窗关了，就试着打开另一扇门

联系和想象是平面思维的核心，其特点通表现为事项之间的跳跃性连接。在这一思维的过程中，它受到逻辑的制约，反过来又常常受到联想的支持，否则思维的流程就会被堵塞。

在解决某个问题的时候，如果你一直找不到出路，你会怎么做？是放弃还是坚持？其实，最明智的方法是寻找其他路径解决。这就考验到你的平面思维能力。所谓平面思维，是指人的各种思维线条在平面上聚散交错，也就是哲学意义上的普遍联系，这种思维更具有跳跃性和广阔性，联系和想象是它的本质。我们通常所说的形象思维属于平面思维的范畴。

平面思维告诉你，寻找新方案最好的方法，是尝试大量不同的方案，因此，你要记住的一点是，这扇窗关了，就试着打开另一扇门。

我们不妨来看看下面这则小故事：

这天下班后回到家，林先生看到自己10岁的儿子在客厅拿着四根筷子比画来比画去，眉头紧锁，好像遇到了什么难题。他便走过去，问："涛涛，你在干什么呢？"

"找答案。"

"找什么答案？"

"哎呀，您别来烦我了，今天这事儿不解决，晚上我就睡不着了。"

"到底什么事儿，你跟爸爸说，也许我能给你点提示。"

"好吧，今天我同桌给我出了道题目，他说，如何用你们家平常吃饭的四根筷子拼出一个'田'字来？"

"嗯，好像是比较难的题目啊。"

"就是啊，要是找不到答案，那我就太没面子了，不行，今儿一定得拼出来。"

"可是，就目前的状况看，你好像并没有什么进展。其实，你为什么不尝试着从另一个角度想想呢？"林先生早就知道怎么解答这道题，但为了让儿子自己找答案，他卖了个关子。

"另一个角度，你是说把这几根筷子立起来吗？哎呀，我试过了，也不行。"涛涛有点急躁了。

"至于什么角度，你自己想吧，爸爸只能跟你说，如果你想从一间房间出去，不一定非得走门，也可以从窗户爬出去。"林先生说完就走回自己房间了，留下一脸愕然的涛涛。到底怎么打开这扇窗呢？涛涛想得实在烦躁，就一气之下抓起这四根筷子准备扔进厨房，但就在那一刹那，他找到答案了。啊，如此简单的答案怎么就想不到呢？其实，同桌在刚开始出题的时候就已经给了自己提示——"用你们家平时吃饭的筷子"，他对我们家吃饭的筷子很熟悉，这种筷子是一头方形，一头圆形的，而方形的一头，把四根拼在一起不就是一个"田"字吗？

涛涛赶紧拿起筷子冲进爸爸的房间，爸爸欣慰地说："怎么样，是

不是发现这扇窗并不难打开呢？”

相信生活中有很多青少年朋友都和故事中的涛涛一样遇到过这样令人头疼的问题，你可能感到很苦恼、很沮丧，甚至想要放弃，其实，只要你能采用全新的角度思考，你就会豁然开朗。而这种思维方式就是平面思维。

其实，在我国古代，有很多智者已经为我们树立了善用平面思维解决问题的典范。如诸葛亮，他擅长用“兵”是众所周知的，一般人可能认为只有“人”才可以当“兵”用，但在诸葛亮的思维中，水、火是“兵”，草、木皆是“兵”，更可以借东风以作“兵”用，他可以想到比“人”更多的事物充当“兵”用，这就是平面思维的效果。

再比如，“龙”是中国古代的一种虚构的神物，它的形象是许多动物形象中最神奇的部分放在平面上组合而成的。汉代学者王充就曾指出过，龙的角像鹿、头如驼、眼睛如兔、颈如蛇、腹似蜃、鳞如鲤、爪似鹰、掌如虎、耳朵像牛。这不能不说是古人平面思维的结晶。

处于现代社会的青少年朋友们，在日常的思维训练中也绝不可限定自己的思维，当此种方法行不通时，就应该果断另辟蹊径，运用平面思维的跳跃性来解决难题。

转换思考的角度

我们每个人都习惯了用某种固定的方法去思考问题，但正是因为此，我们常常陷入思维的死胡同。此时，如果你能转换思考的角度，就会豁然开朗。

生活中，人们常说要解放思想，其实，要做到这点，最重要的莫过于改变已习惯了的思维定向，而从多方位多角度，即从新的思维角度去思考问题，以求得问题的解决，这就是平面思维的精髓。

对于青少年朋友来说，不得不承认的是，因为年龄的特征，在思维过程中，往往表现出难以摆脱已有的思维方向，也就是说，你的思维定式往往影响了对新问题的解决，以至于产生错觉。举个很简单的例子。当你看到筷子的时候，你认为它有什么作用？或许你会直接回答："筷子是用来吃饭的。"诚然，这是筷子最普遍的作用，但在某些特殊的情况下，筷子的功用就更多了，例如，游戏道具、武器等。因此，你若想培养自己的平面思维能力，就必须学会转换角度思考问题。

我们先来看下面一个故事：

从前，有一个国王，只有一只好眼睛，一条好腿，另一只眼睛是瞎的，另一条腿是瘸的。有一天他招来三位画家，命令他们给他画像。国王说："画得好的有赏；如果画得不好就杀头。"

第一位画家把国王画得很像：国王有一只瞎眼、一条瘸腿。但国王一看，气得直叫，说是有意出他的丑，于是把第一个画家杀了。

第二位画家把国王画得很美，好手好脚，很有精神，像一个美男子，但国王一看，气得更厉害，说是画家讽刺了他。结果把第二个画家也杀了。

第三位画家见前面两个画家都被杀了，吓得直冒冷汗，但他很聪明，画的画令国王十分满意，国王赏给他很多钱。你知道这个画家是怎样画的吗？

原来，这个画家把国王画成在山上打猎的姿态，国王把猎枪搁在一块大石头上，一只瞎眼闭着，一只好眼瞄准，一条瘸腿跪在地上，一条好腿弓在前面。画家把国王的画像画好了，却没有暴露国王的弱点，所以国王很高兴。

第一位画家的动脑角度没有选择好，所以吃了亏。第二位画家一看不好，就转换了一个角度，但这个角度也没有选择好，所以也吃了亏。第三位画家在前面两个角度的基础上重新转换了一个角度，结果成功了。

这就是巧妙运用平面思维解决难题的成果。

一百多年前，美国曾掀起一股淘金浪潮，许许多多的人为使自己富裕起来，纷纷涌向淘金地；另有极少数的人不去淘金，他们为使淘金快速到达目的地办起了客运公司，为使淘金者生活便利办起了百货公司、邮局、娱乐场。几年后，当大部分蜂拥而去的淘金者依旧是穷人的时候，这极少数未随大溜的人却富了起来。这是为什么呢？因为这些人会换一种角度思考。

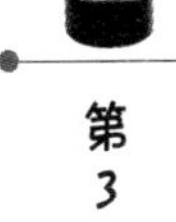

看来，是否懂得换一个角度思考问题，事关一个人的命运。

“换个角度”思考说到底体现了创新精神，无论是社会还是个人，只有不断去创新，才会有进步。

那么，该如何换一个角度来思考呢？对此，你应大胆地把眼光投向新领域，投向未知的领域，更要投向用常规的眼光来看是不可能存在的领域，只有大胆运用已有知识与经验在上述的领域中开拓进取，常常换一个角度思考才能成功。这样答案就会丰富多彩，生活也会变得有意义有价值。

换一个角度思考，是时代创新精神的体现。成功地换一个角度思考，就能得到丰富多彩的答案，这对于你来说有不可估量的价值。

不要钻牛角尖

在思维活动中，如果你明知道这是一个死胡同，却还要继续往前走，这样，你就会浪费时间，最终，问题依然得不到解决。

一直以来，中国人都比较推崇坚持的精神，古代郑板桥也说“咬定青山不放松，任尔东西南北风”。可能很多青少年朋友在生活中也被父母和长辈告知“凡事坚持就是胜利”。诚然，我们不得不承认这一点，很多人在解决问题的时候，因为有锲而不舍的精神而最终取得了成功。但在思维活动中，并不是所有的坚持都会迎来胜利，错误的坚持有时就是钻牛角尖。很多时候，当这条路行不通的时候，与其错误地坚持下去不如明智地放弃，然后另辟蹊径。

从前，有一位潜心布道的神父。

这天，他按照计划来到一个小村庄，他走进了教堂，准备为这里的人祈祷。但天突然下起了大雨。不到几个小时的工夫，洪水就淹没了整个村庄，教堂也未能幸免。

他发现，洪水已经淹没了他的膝盖。村里的警察很快赶来了，并让他赶紧离开教堂，但神父却固执地说："不，我不走！我坚信仁慈的上帝一定会来救我的，你先去救别人吧！"

过了一会儿，水越来越深了，已经淹没了神父的腰部，神父只好站在椅子上继续祈祷，这时，有几个救生员划着船在教堂外大喊："神父，赶快过来，我们救你走！"神父还是执着地说道："不，我要坚守着我的教堂，相信慈悲的上帝一定会将我从洪水之中救出去的。你赶快去救别人吧。"

又过了半个小时，整个教堂完全被洪水淹没了，神父只好爬上十字架上，在滚滚的洪水中坚持着。这时候，一架直升飞机缓缓地飞到了教堂上方。飞行员丢下悬梯，大喊道："神父，快上来吧，这是最后的机会了，我们可不愿意看到你被洪水冲走！"神父依然意志坚定地说："不，我要守住我的教堂！上帝绝对会来救我的。你去救其他人吧。上帝会永远与我同在！"

固执的神父最终也没有逃脱被滚滚洪水冲走的命运……

死后的神父还是有幸到了天堂，他质问上帝，为什么不来救他？上帝回答道："我怎么不肯救你了？你忘记了？第一次，我派人劝你离开那危险的地方，可是你却坚决不肯；第二次，我派了一只救生艇去救你，但你还是一意孤行不肯离开；第三次，我以对待国宾的礼仪待你，又派了一架直升飞机去救你，结果你还是不愿意接受我的救助。

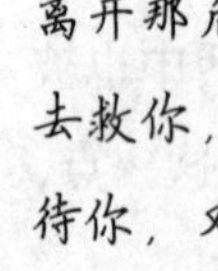

是你自己太固执了，总是不肯接受别人的救助，我在想，你是不是太想见到我了，那么，我就成全你吧。”神父顿时哑口无言。

这个故事告诉所有青少年朋友，错误的坚持是不可取的。在思考问题时，与其盲目地按照老方法来思考，不如在适当的时候停下来想一想，这个方法到底是不是正确的？是不是该换一种思路？

其实，适时地转变自己的思路也是运用平面思维解决问题的需要。智者总是择善而行，懂得适时放弃，才不会将自己的精力耗费而没有结果。

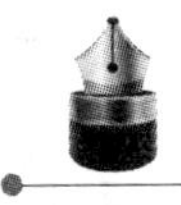

当然，可能你会产生疑问，我该怎样判断自己的思路是否正确呢？对此，你有两种方法可以鉴别：第一，如果你通过反复求证发现此种方法行不通，那么，你便可以放弃这种方法了；第二，询问有经验者的意见。例如，在求解某道习题时，如果你拿不准自己的方法是不是正确的，你可以询问老师的意见。

你需要明白，坚持错误的思路就是钻牛角尖，为了避免这一点，反过来，你应该有意识地训练自己的平面思维能力，毕竟，思路开阔的人总能巧妙地避免这一问题。

巧用平面思维开启智慧的源泉

平面思维是对线性思维的延展，它要求我们从多方面考虑问题，学会巧妙运用平面思维，你就能开启智慧的源泉。

我们都知道，平面思维是线性思维向着纵横两个方向扩展的结果。也就是说，它比线性思维考虑的范围更广，当思维定向以后、中心确定以后，它就要从几个方面去分析说明这个问题。因此，在思维过程中，如果你能摆脱传统线性思维的束缚，巧妙运用平面思维的话，那么，你就能有意外的收获。

东晋时代，秦王苻坚控制了北部中国。公元383年，苻坚率领步兵、骑兵90万人，攻打江南的晋朝。晋军大将谢石、谢玄领兵8万人前去抵抗。苻坚得知晋军兵力不足，就想以多胜少，抓住机会，迅速出击。谁料，苻坚的先锋部队25万人在寿春一带被晋军出奇击败，损失惨重，大将被杀，士兵死伤万余。秦军的锐气大挫，军心动摇，士兵惊恐万状，纷纷逃跑。此时，苻坚在寿春城上望见晋军队伍严整，士气高昂，再北望八公山，只见山上一草一木都像晋军的士兵一样。苻坚回过头对弟弟说："这是多么强大的敌人啊！怎么能说晋军兵力不足呢？"他后悔自己过于轻敌了。

出师不利给苻坚心头蒙上了不祥的阴影，他令部队靠淝水北岸布阵，企图凭借地理优势扭转战局。这时晋军将领谢玄提出要求，要秦军稍往后退，让出一点地方，以便渡河作战。苻坚暗笑晋军将领不懂作战常识，想利用晋军忙于渡河难于作战之机，给它来个突然袭击，于是欣然接受了晋军的请求。

谁知，后退的军令一下，秦军如潮水一般溃不成军，而晋军则趁势渡河追击，把秦军杀得丢盔弃甲，尸横遍地。苻坚中箭而逃。

这就是"草木皆兵"的故事。故事中的晋朝大将谢石、谢玄为什么能让秦军产生"草木皆兵"的错觉？这正是平面思维的成果。在传统思维里，"兵"指的就是"人"，而在军事战略中，能与敌军产生对抗能力的事物就可能称为"兵"，谢石、谢玄正是利用了"草"和"木"的价值，最终让秦军落荒而逃。

可见，在古代，人们已经很娴熟地运用平面思维。不仅如此，在国外，人们也早已认识到平面思维的巧妙作用。苏联卫国战争期间，列宁格勒遭到德军的包围，经常受到敌机的轰炸。在这紧急的关头，昆虫学家施万维奇从蝴蝶五彩缤纷的花纹能迷惑人的现象中受到启发，建议对重要目标进行迷彩伪装。这一招十分有效，大大降低了重要目标的损伤率，也就有了今天的军用迷彩服。这绝对不是单向线条思维可以做到的。

那么，青少年朋友们，你的平面思维能力如何？现在假设一下，

什么样的东西可以做成一幅“画”呢？当然有纸和墨就行了！这只是简单的线条型的单向思维，我们把“画”字放在一个平面上，同所有可以想象到的名词联系起来，我们发现了什么？头发、石头、蝴蝶翅膀、金属、麦草、树叶、棉花……都可以用来做成精美的画，我们完全成了“画”的发明家！有一个画家用他母亲的头发做成了他母亲的头像，对画家来说这可能只是一种灵感，但用平面思维来联系和想象，这就是一种必然的结果。

如果你希望开拓自己的思维，希望成为一个善于思考和善于解决问题的人，你就必须突破线性思维的狭隘范围，并学会巧妙运用平面思维。

条条大路通罗马

在思维的过程中，往往多一些大胆的尝试才会越发的精彩，才能凡事朝前看，凡事多角度看，从而开阔自己的思维，长此以往，你的平面思维能力一定能有所提高。

西方有一句闻名世界的谚语：“条条大道通罗马。”这句谚语的起源就来自古罗马大道的修建。在古代罗马的建筑奇迹中最著名的就是“罗马大道”——以首都罗马为中心面向全国的四通八达的公路网。但从这句谚语中，我们同样能悟出一个思维上的道理：思考的最本质目的是解决问题，只要能解决问题，我们不必把目光拘泥于某种单一的思路。

每一个青少年朋友，在日常生活中，都应告诫自己：多方面考虑问题，才能避免思路的阻塞，才能最终找到那条“罗马大道”。

小伟是个调皮的孩子，今年的他已经上初中了，但是他还是改不了贪玩的毛病。但玩归玩，他对学习的态度也是认真的。但让小伟感到苦

恼的是，自己的学习能力好像不怎么样，他经常在一个数学问题上想很久也找不到答案。但经历一次“抄小路”事件后，他似乎明白了是怎么回事。

小伟所在的中学每天下午两点钟准时上课，而小伟家虽然离学校很近，但他总是踩着时间点去学校，有时又会因为这样或那样的原因而姗姗来迟。

有一天，他跟同桌在家玩游戏，正玩得忘乎所以，回头一看，马上到上课时间了。于是他和同桌狼狈地在大街道上狂奔，为了能及时赶到学校，他们根本不管马路上是否危险，卯足了劲飞奔。眼看时间快到了，此时，同桌灵机一动，迅速拉起小伟的手抄起了捷径，从一个羊肠小道直接窜到了学校，小伟当时很纳闷，怎么这条路也能到达学校？因为小伟的确是个路痴，一直以来，他认为到学校的路只有一条。幸运的是，他们顺利搭上了时间的末班车，没有迟到。

不过，从这次事件后，小伟获得了一个思维上的启示：无论是学习还是做其他事，都不能限制自己的思维。

其实，我们生活的周围，又何尝没有那些死板的人呢？在考虑问题时，他们非要吊死在一棵树上才安心。以工作为例，他们把大量的时间纠结于自己是否该另谋出路而错失了摆在自己面前一个又一个的良机。所谓条条大路通罗马，三百六十行，行行出状元，成功没有高低贵贱之分，关键在于肯不肯做。一味的死板，只会把自己束缚在一个狭小的空间里，就算有一双翅膀也不能高瞻远瞩；一味的死板，只会把自己幼小未发芽的梦想扼杀于摇篮；一味的死板，只会使自己坠入懒坠的深渊而止步不前。

有时候，懂得在穷途末路时另谋出路才是智者之为。青少年也应该从他们的身上吸取教训，在生活中，要养成多角度思考问题的习惯。例如，一道课后数学题，用今天刚学到的知识点进行解答可行，那么，可不可以用曾经的知识点解答呢？再如，美术课上，老师让你画某个物品，当大家都按照某个常规的角度去画时，你应该想想，如果换个

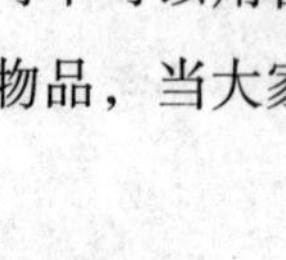

角度，是不是会得到完全不一样的结果？

如果你能在生活中凡事学会从多角度考虑，你就能变成一个思路开阔的人。

巧妙地避重就轻

“投机取巧”和“避重就轻”并不是同一个概念，避重就轻是强调人们在思维上应该跳出条条框框，应该追求最简单、最便捷的方式。

生活中，可能有很多青少年朋友经常被长辈们教育：“做人做事都不能投机取巧、避重就轻。”的确，在人们眼里，避重就轻就是避重的责任，只拣轻的来承担。然而，在思维活动中，避重就轻却是平面思维的一个重要方面，找到思维的捷径往往能帮助人们节省时间和精力，那些能打破传统思维、根据自己的思维行动的人，往往能走出一条不寻常的道路来。

可能你在生活中会经常遇到一些难以解决的问题，你甚至为此感到很苦恼，但只要你能跳出限定的思维，转换一个角度，你就能很轻松地找到一个出口。

有这样一个有奖征答活动，题目是：一次，三个人一起坐热气球旅行，这三个人都是关系人类命运的科学家。第一位是核子专家，他有能力防止全球性的核子战争，使地球免于陷入灭亡的绝境。第二位是环保专家，他可以拯救人类免于因环境污染而面临死亡的厄运。第三位是粮食专家，他能在不毛之地种植粮食，使几千万人摆脱饥荒而亡的命运。但旅行进行到一半，却发现热气球充气不足。就在那一刻，热气球即将坠毁，必须丢出一个人以减轻载重，使其余二人得以存活，请问该丢下哪一位科学家？

因为奖金数额庞大，征答的回信如雪片飞来。每个人都竭尽所能地阐述他们认为必须丢下那位科学家的见解。结果揭晓，巨额奖金的得主是一个小男孩。他的答案是：将最重的那位丢出去。

我们在赞叹小男孩的答案时，也不难得出这样一个结论：很多时候，按照传统的思维来解决问题，似乎总是找不到答案。在遇到困惑时，如果你也能和案例中的小男孩一样，跳出常规思维，学会避重就轻，你就会豁然开朗。

在生活中，可能很多青少年朋友不理解“避重就轻”的意思。其实，从字面上来理解，避开难以解决的问题，从简单轻松的角度考虑，这样，人们就更容易找到问题的出口。因此，我们可以说，避重就轻是智者的选择，那些在难题上钻牛角尖的人实际上都陷入了思维的死胡同。

因此，每个青少年朋友都要善于变通，并在生活和学习中灵活运用，具体来说，你可以这样做：

1. 凡事问问自己有没有更简单的方法

你曾经一定有过这样的做题经验：你遇到一道数学题，你告诉自己一定要演算出来，当你算出结果的一刹那，你发现，原来答案和题目之间只需进行一个简单的思维转换就可以，而你在这道题上却花费了很长时间。试想一下，假如这是一道考试题，那你是不是浪费很多时间呢？

因此，在生活中，你要训练自己凡事从简出发的习惯，在做题和做事时，都问问你自己，“还能简单点吗？”找到最简单的方法，你做事的效率也就高多了。

2. 避重就轻并不是说可以不注重基础与细节

每个青少年朋友在做事和学习时都应该养成孜孜不倦、一丝不苟的习惯，注重基础知识的学习很重要，因此，我们这里说的思维上的避重就轻并不是要你凡事投机取巧，而是应该摒除烦琐思维的限制而已。

聪明的人会在最短的时间内，在花费最少的精力的前提下解决问题，如果你也能训练出这样的思维，你就会少走很多弯路。

善于从全局思考问题

很多时候，问题的出现是因为人们局限了自己的思维，如果你能走出思维的死胡同，从全局考虑的话，你就能找到真正的症结所在。

生活中，人们常说："真正的赢家必定是笑到最后的。"这句话的意思是，那些真正的智者往往能做到从全局思考问题，他们能把握事情的发展脉络，作出正确的抉择。的确，是否能从全局思考问题也是线性思维和平面思维最大的区别。因此，每位青少年朋友，在培养自己平面思维的过程中，都要训练自己纵观全局的能力。

春秋时期，有一次，宋、齐、晋、卫等十二国联合出兵攻打郑国。郑国国君慌了，急忙向十二国中最大的晋国求和，得到了晋国的同意，其余十一国也就停止了进攻。郑国为了表示感谢，给晋国送去了大批礼物，其中有：著名乐师三人、配齐甲兵的成套兵车共一百辆、歌女十六人，还有许多钟磬之类的乐器。

晋国的国君晋悼公见到这么多的礼物，非常高兴，将八个歌女分赠给他的功臣魏绛，说："你这几年为我出谋划策，事情办得都很顺利，我们好比奏乐一样和谐合拍，真是太好了。现在让咱俩一同来享受吧！"可是，魏绛却谢绝了晋悼公的分赠，并且劝告晋悼公说："咱们国家的事情之所以办得顺利，首先应归功于您的才能，其次是靠同僚们齐心协力，我个人有什么贡献可言呢？但愿您在享受安乐的同时，能想到国家还有许多事情要办。《书经》上有句话说得好：'居安思危，思则有备，有备无患。'现谨以此话规劝主公！"

魏绛这番远见卓识，晋悼公听后很受感动，高兴地接受了魏绛的意见，从此对他更加敬重。

这个故事中，魏绛就是个有远见卓识的人。正因为他懂得从全局考虑，对晋悼公说了一番忠言，才赢得晋悼公的敬重。

所谓全局思维，就是战略思维，具体来说，全局思维就是从实际出发，正确处理全局与局部、未来与现实的关系，并抓住主要矛盾制定相应规划，为实现全局性、长远性目标而进行的思维。

那么，青少年朋友该如何训练自己的全局思维能力呢？

1. 注重理论武装，以丰富的理论修养与知识素养作支撑

很难想象，一个没有理论思维的人如何总揽和驾驭全局。而提高理论思维能力的根本途径就是学习，要通过学习强化知识武装。

2. 注重信息扩展，开阔想问题的眼界和空间

在当今知识、信息大爆炸的时代，信息已成为最重要的战略资源，它可以被提炼成知识和智慧，因而在战略问题的研究中越来越具有突出作用。

对于成长中的青少年朋友来说，你们必须多汲取外界信息，这样方可开阔眼界，启发思路，作出具有远见卓识的决策。

事实证明，无论是谁，了解、掌握的信息量越大，知识面越广，思辨鉴别能力就越强，学习、做事就越来越得心应手、应对自如，从而真正做到谋大局。

第4章 联想思维——培养“天马行空”的想象力

联想是由当前感知的事物回想起其他事物，或由一件事物想起另一件事物，也即由此及彼或由彼及此的思维方式。联想思维是一种开放式的创新性思维，科学发明、艺术创作都离不开它，学习也离不开它。青少年朋友在培养自己的联想思维的过程中，一定要克服思维定式，不迷信权威，不照搬经验，不唯书本是从，不为假象所迷惑，敢于提出与众不同的观点，敢于发表新颖独特的见解，从而使自己真正具有开拓性、活跃性、独特性和创新性的思维能力。

善于举一反三

一个人要想学得快，就要善用联想思维，就要懂得举一反三，以提高效率；一个人要发明创造，寻求创意，也要善于举一反三，让绝妙的构思如泉喷涌。

青少年朋友们，在平日的学习中，你是不是经常听到老师这样说：“要善于举一反三。”这里的举一反三，其实是一种思维方法的体现——联想思维。所谓联想思维，是指人脑记忆表象系统中，由于某种诱因导致不同表象之间发生联系的一种没有固定思维方向的自由思维活动。主要思维形式包括幻想、空想、玄想。其中，幻想，尤其是科学幻想，在人们的创造活动中具有重要的作用。

的确，客观世界是复杂多变的，是由各种各样的事物组成的，而这些事物之间，往往存在这样或那样的区别，这也是这个世界如此丰富多彩的原因。它具备一定的复杂性，为此，人们很难将它们联系在一起。事实证明，两个事物之间的差异越大，将它们联想到一起就越困难，但这并不代表人们不能建立起事物之间的联系。

苏联心理学家哥洛万斯和斯培林茨曾用实验证明，任何两个词语都可以经过四五个步骤建立起联想的关系。

青少年朋友们，如果给你两个词语——高山和镜子，你能将它们联系起来吗？也许你会说，这是八竿子打不着的两个事物，然而，只要你运用联想思维，你就能做到：高山→平地，平地→平面，平面→镜面，镜面→镜子；再如天空和大米：天空→土地，土地→水，水→水稻，水稻→大米。

假设每个词语都可以与10个词直接发生联系，那么第一步就有10次联想的机会，第二步就有100次机会，第三步就有1000次，第四步就有10000次，第五步就有100000次，依次类推。

联想思维有着广泛的基础，它为我们提供了无限广阔的天地，一个人如果不会运用联想思维，学一点就只知道一点，那么他的知识是零碎的、孤立的，派不上什么用场；但如果他善于运用联想思维，就会由此及彼扩展下去，做到举一反三，闻一知十，触类旁通，从而使思维跳出现有的圈子，突破思维定式而获得创新的构思。

我们再来看下面一个故事：

1981年，英国王子查尔斯和黛安娜决定在伦敦举行婚礼。消息传开后，英国各地的厂商老板认为这是天赐良机，纷纷组织人马开发与婚礼有关联的新产品。于是，王子和王妃的照片成了最热门的外观设计素材，各种文化衫上印着新郎新娘甜蜜的笑脸；各种糖果食品包装盒上也打上了王室婚礼盛典的标底。

这些创意的确给老板们带来了财运，但相比之下，某光学仪器公司的创意更是别出心裁，因此赚了个盆满钵满。

盛典开始了，从白金汉宫到圣保罗教堂，沿途挤满了近百万群众。当站在后排的人们正为无法看到盛典场景而焦虑不安时，突然从背后传来一阵阵叫卖声："请用潜望镜观看盛典！"长长的街道两旁，冒出数百辆载满"王子牌"、"王妃牌"潜望镜的销售小车。立刻，人们蜂拥而上，争先恐后地抢购特制的观礼潜望镜。

如今，黛安娜已魂归天国，那场婚礼大典也被人渐渐遗忘，但是这一思维方式，至今还常常被创造学家提起。同样，青少年朋友们，在你的学习和生活中，你也可以尽展联想之能事，举一反三，使思维活跃。

事实上，举一反三就是一种联想能力的实践和运用，这种思考模式像细胞分裂似的由此及彼，不断创造出一个又一个新鲜的东西。

风马牛也相及

很多时候，几个看似没有关联的事物经过我们联想后，就能产生"风马牛也相及"的效果。

生活中，相信大部分青少年都听说过这样一个成语："风马牛不相及。"这个成语有这样一个来源，据《左传·僖公四年》载："四年春，齐侯以诸侯之师侵蔡，蔡溃，遂伐楚。楚子使与师言曰：'君处北海，寡人处南海，唯是风马牛不相及也，不虞君涉吾地，何故'？"这段话的意思是说：鲁僖公四年的春天，齐桓公凭借各诸侯国的军队进攻蔡国，蔡国溃败后，接着又进攻楚国，楚成王派屈完为使者，对齐军说，你们居住在遥远的北方，我们楚国在偏远的南方，相距很远，即使像马和牛与同类发生相诱而互相追逐的事，也跑不到对方的境内去，没想到你们竟然进入我们楚国的领地，这是为什么？

"风马牛不相及"是后世使用得非常广泛的一则成语，用来形容两

个完全不相关的事物。然而，人们之所以认为某两个事物之间不存在联系，是因为他们没有运用联想思维，也就是说，只要我们开发自己的大脑，敢于联想，那么，就会产生“风马牛也相及”的效果。

1944年4月，第二次世界大战已经进入了决定性的阶段，当时的苏军准备歼灭驻扎在彼列科普的德寇，解放克里木半岛。

4月6日，已经进入春季的彼列科普却突降大雪，整个彼列科普被白茫茫的雪覆盖。

这天，苏集团军炮兵司令在暖融融的掩体里，注视着刚进来的参谋长，只见他双肩落满了一层薄薄的雪花，其边缘部分在室内的暖气中开始融化，清晰地勾画出肩章的轮廓。司令员突然联想到：天气转暖，敌军掩体内的积雪也将融化；为了避免泥泞，他们肯定要清除掩体内的积雪，暴露其兵力部署，于是，司令员立即命令对德军阵地进行连续侦察和航空摄像。苏军只用了3个多小时，就从敌军前沿阵地积雪出现湿土的情况中，推断出敌人的兵力部署。苏军立即调整了进攻力量，一举突破防线，解放了克里木半岛。

从上面的故事中，我们发现，联想，在战场上能帮助指战员取得胜利。表面上看，“雪花”和“战争”有关系吗？没有！但联想思维的运用，却巧妙地将它们联系在了一起，最终服务于战争。

那么，从现在起，只要你敢于联想，你就能将几个看似不相关的事物联系在一起，就能做出与众不同的成绩，或许未来某些年内，你也能成为一个极具创造力的发明者，你也能推动时代的进步。

拓展思维离不开连锁联想

连锁联想在拓展思维的训练中十分重要，有了丰富和合理的联想能力，就能够浮想联翩，拓宽思路，就能使自己的思维更开阔。

在学习的过程中，青少年朋友经常会听到老师这样说："要注重拓展思维的训练。"的确，在思考问题时，我们要注意思维的诞生。那么，从现在起，检测一下你的拓展思维能力如何，假设一下，如果有一道题——"甲是乙的3/4"，根据这条信息，你会联想到什么？

对于这道题的答案太多了，我们不妨举出例子：

"乙是甲的4/3倍。"

"甲与乙的比是3：4，乙与甲的比是4：3。"

"甲比乙少1/4，乙比甲多1/3。"

"甲是甲乙和的3/7，乙是甲乙和的4/7。"

"我联想到：甲与甲乙和的比是3：7，乙与甲乙和的比是4：7。"

"把乙看做4份，甲占3份，甲比乙少1份……"

以上这些答案都是由拓展思维得来的。当然，拓展思维离不开连锁联想，因为联想思维就是由一事物想到另一事物的思维过程，联想思维是想象思维的初级阶段。对于青少年朋友而言，在学习的过程中是否掌握了拓展思维显得尤为重要。

再举个简单的例子。由荔枝树想到荔枝蜜，由荔枝蜜想到蜜蜂的劳动，由蜜蜂的劳动想到农民的劳动，这更是一环紧扣一环的连锁联想。因此，培养你的联想思维能力，是提高拓展思维能力的有效途径。

下面，我们再运用连锁联想想象一下，由"水"你能想到什么?

一杯清澈透明的白开水就像清醇的母爱，看似清淡无味，喝到嘴里却甘甜无比。

（1）从一滴滴的水汇成大海，积少成多，联系到重视积累的问题。

（2）水如同血液，没有水就没有生命。

（3）当大量的水聚集在一起向人类走来时，我不禁想到了令人心惊的洪水及那场可怕的海啸。

（4）一滴水与大海，从一滴水置于阳光之下，一下子便干涸，但如果汇入大海就永远存在的角度，联系到个人与集体的问题。

（5）从水与鱼儿的关系，即鱼儿离不开水，联系到军民鱼水情、干群鱼水情的问题。

（6）水是柔弱的，它虽纯净，但无法承受外界的考验。正像一个弱者，他受不了不幸对他的打击，这样他只能是一个屈服于困难的人。

（7）从水装在什么样的盛器之中，它就成为什么样的形状，联系到要善于适应环境，随遇而安的问题。

（8）从水的遇冷结成冰，变为冰山冰川；遇热变为水蒸气，变为云霞，甚至变为海市蜃楼联系到善于应变的问题。

（9）从清水与污水，即水资源受污染的角度，联系到环保的问题、净化的问题。

（10）水是透明的，正如无知孩童的心灵，是纯净无杂质的，并且像生活一般平平淡淡。

……

当然，你能联想到的还有很多，从不同的角度，你就能得到不同的答案，这对于你的拓展思维的训练很有帮助。从专业角度看，做好拓展思维训练，你还需要做到：

1. 广度训练

广度开发，主要采用外延式训练。如“笔”的外延是：毛笔、水笔、铅笔、水彩笔、圆珠笔、签字笔、验钞笔、试电笔、微型笔、广告笔等。

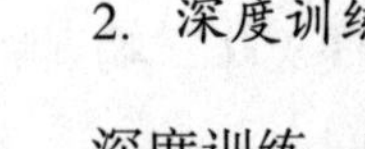

2. 深度训练

深度训练，是内涵式训练。如笔尖、笔套、笔胆、笔芯、笔的外形、笔的结构、笔的材料、笔的功能、墨水的种类、耐磨的原理等。

3. 关联度训练

关联度训练，即跳跃式训练。如由笔想到文具盒、纸张、书法、计算器、绘画、小手电、玩具、提醒器、速记、录音、纠错、识别……思维速度一定要快！你要顺着你那神奇的思维线，在你大脑的信息海洋里，以最快的速度“钓”出你需要的信息，很多好点子就这样出来了。

在日常的学习和生活中多进行连锁联想，你的拓展思维能力一定会有所提高。

由事物相似性展开联想

相似联想是由一事物的触发而引起与该事物在形态上或性质上相似的另一事物的联想。可分为形似联想和神似联想。

我们都知道，联想是建立事物间联系的一种方法。在联想的类型中，有一种叫做相似联想，就是由某一事物或现象想到与它相似的其他事物或现象，进而产生某种新设想。当然，展开相似联想，一定要注意抓住事物之间的相似点。

四川省有个人叫姚岩松，他意外地发现屎壳郎能滚动一团比它自身重几十倍的泥土，却拉不动比那块轻得多的泥土。他曾开过几年拖拉机，他联想到：能不能学一学屎壳郎滚动土块的方法，将拖拉机的犁放在耕作机身动力的前面，而把拖拉机的动力犁放在后面呢？经过实验他设计出了犁耕工作部件前置、单履带行走的微型耕作机，以推动力代替牵引力，突破了传统的结构方式。

青少年朋友，在学习利用事物相似性展开联想前，我们有必要学习事物之间相似点有哪些类型：

1. 形似联想

形似联想是由于事物外形上的相似产生的联想。

如朱自清的《绿》:“这平铺着、厚积着的绿，着实可爱，她松松的皱缬着，像少妇拖着的裙幅；她滑滑的明亮着，像涂了明油一般；有鸡蛋清那样软，那样嫩；她又不杂些儿尘滓，宛然一块温润的碧玉，只清清的一色——但你却看不透她！”这段文字用了四个比喻句，从水纹、水光、水质和水色四个方面，“皱”、“明”、“清”、“碧”与彼物外形的特征展开联想，对梅雨潭的绿进行了多方面的描写，很生动传神。

我们再看郑正铎的《海燕》:

就在这时，我们的小燕子，两只，三只，四只，在海上出现了。它们仍是隽逸的从容的在海面上斜掠着，如在小湖面上一般；海水被它似剪的尾与翼一打，也仍是连漾了好几圈圆晕。小小的燕子，浩莽的大海，飞着飞着，不会觉得倦吗？不会遇着暴风急雨吗？我们真替它担心呢！…… 在故乡，我们还会想象得到我们的小燕子是这样的一个海上英雄吗？

作者背井离乡，在远洋轮上见到矫健、从容的小燕子，联想到自己故乡的小燕子，惊喜之中，把海上的小燕子幻想成自己故乡的小燕子。由于运用了相似联想，文章成功地抒发了爱国恋乡的深情。

2. 神似联想

神似联想是由于事物在精神、品性、气质、情调等方面相似产生的联想。如由荷花“出淤泥而不染”联想到虽处身于龌龊环境之中，却能保持着高洁情操的人们；由“金玉其外，败絮其中”的橘子而联想到那些表面上道貌岸然，内心却肮脏得见不得人的贪官污吏；由蜜蜂的采花酿蜜联想到做学问的方法，等等。

鲁迅《阿Q正传》中有这样的片段：

他得意之时，禁不住大声地嚷道：

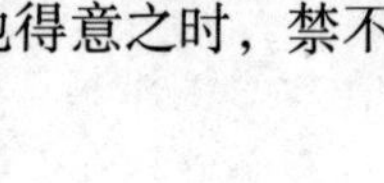

“造反了，造反了！”

未庄人都用了惊惧的眼光对他看。这一种可怜的眼光，是阿 Q 从来没见过的，一见之下，又使他舒服得如六月里喝了雪水。他更加高兴的走而且喊道：

“好……我要什么就是什么，我喜欢谁就是谁……”

阿 Q 看见了自己宣布造反以来未庄人“惊惧”的可怜的眼光，感到“舒服得如六月里喝了雪水”。这一比喻实质是相似联想。他所表现的是阿 Q 此时此刻的情绪感受，如同炎夏酷暑里喝冰凉的雪水一样舒服极了。这是一种主观情绪感受相似的联想。

总之，相似联想法就是通过开展特定类型的联想——相似联想来建立事物之间的联系，进而诱发创造性设想的联想法。相似联想法的实施方式并无严格规定，可以个人开展，也可以召开会议集体开展。但关键在于熟悉相似的各种类型并能熟练运用。

“穿越”的相关联想法

相关联想（也叫接近联想）是一种由概念接近而引起的联想，当然，更多的是由于空间和时间接近（以及事物因果关系）而引起的对其他事物的联想。

在前面的介绍中，我们已经得知，联想从本质上讲也属于想象，但它有别于一般的想象。一般的想象侧重于相似性，而联想则侧重于相关性。所以，诸多联想类型中相关联想是运用得最广泛的。

举个很简单的例子。一提起火烧赤壁，人们自然会联想到《三国演义》，周瑜、曹操等，因为他们具有空间和时间上的接近因素。如果提起火烧圆明园，你则会联想到八国联军、慈禧太后等。再如，由“秋收”我们能联想到“春耕”，由改革过程遇到旧习惯势力我们能联想到封建社会的思想根源；由一片树叶飞落我们能联想到天下知秋，再联想到环境的凄清、人心的寂寞。联想的思维形式是发散式、不定向式的，其涉及的面很广泛，而这些都是相关联想法。

门捷列夫正是应用这种接近联想，发现了化学元素周期律并制成元素周期表。他认为，化学元素原子结构的特殊性可按一定次序排列，按次序排列的元素经过一定的间隔（周期）它们的某些主要属性就会重复出现。而在每一间隔范围内一定的属性是逐渐变化的，如果这种逐渐性被突然的跳跃所中断，那就一定有个未知的元素存在来填补这个空位。门捷列夫正是靠上述相关联想(空间接近)提出了关于元素周期的大胆设想。后来，经过实验验证及理论计算，证实了他这种设想是完全正确的。

由此可知，相关联想是一种由某一事物的感知和回忆而引起的和这一事物具有某种关系的其他事物的联想。

青少年朋友们，可能你们也清楚，世界上任何事物都不是孤立地存在着的，它们之间总有各种各样的关系：从属关系、属种关系、部分和整体的关系，事物与其活动、功用、性质、成品、主持者或使用者的关系，行为与其对象、凭借、处所、结果或发生者的关系，等等。事物之间的这种种关系就是相关联想的客观基础。

其实，在日常的学习中，只要你细心一点，随时都能发现相关联想的运用：

朱自清的散文名作——《荷塘月色》就是运用相关联想的范例：作者在对月色下荷塘、荷塘上的月色进行了如诗似画的描写后，“忽然想起采莲的事了”，由此想到南朝民歌《西洲曲》里的句子：“采莲南塘秋，莲花过人头”，紧接着“这令我到底惦着江南了。”这里自然灵活地运用了相关联想。

巴金的散文名作《灯》也是运用相关联想的典范：文章先写“眼前的灯”给我和夜行者带来光明温暖和勇气；再写“回忆的灯”给我和在人生道路上的奋进者带来光明温暖和勇气；接着写“联想的灯”给古今

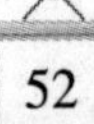

中外的人带来光明温暖和勇气，从而得出“灯光是不会灭的”的结论。

文中作者巧妙地运用了相关联想，并使联想层层递进地表达中心。当然，在这篇名作中，相关联想的运用是很复杂的。“灯”的概念与“光明”、“鼓舞”、“力量源泉”等联系在一起，并在这种联系中表达了作者的思想和感情。

在这种概念联系中，不再是概念内涵的直接联系，更多的是内涵的形象性的、带着个人感受的、具体的联系。“灯”的形象是光亮的，这个形象本身以及“发光工具”的内涵不能直接同“光明”、“鼓舞”、“力量源泉”等联系在一起。而在文章的概念联系中，“灯”被作者赋予了感情色彩，以及与灯相关联的图景和情境，如“人家”、“温暖的感觉”等，所以才可能与“光明”、“鼓舞”等相关联，所以我们由此看出，这种相关联想不是直接联系，而是在特定的前提下，形象的、具体的联系。

如果你能掌握这种由某一事物的感知和回忆而引起的由此及彼的联想，你就能做到开拓思路，扩大经验领域的内容和视野，使“笼万物于笔端”。

对比联想：根据事物的对立性展开联想

对比联想是指在有对立关系的事物之间形成的联想。

在联想思维的范畴中，还有一种类型——对比联想，它是由某一类事物想象与之相反相对的另一类事物，并且形成鲜明对比，形成深刻印象。例如，由生想到死，从严寒想到酷暑，从播种想到收获，从闭关锁国想到门户开放等。再如，写作中，人物、环境、故事的对比描写，反衬手法描写等，都是对比想象思维。例如，“青山有幸埋忠骨，白铁无辜铸佞臣”、“有关家国书常读，无益身心事莫为”，《从百草园到三味书屋》中用充满无限乐趣、令人无限向往的百草园，来反衬对比枯燥乏味的三味书屋，就是对比想象在写作中的具体运用。因此，教学中要多设计此类训练，培养学生的对比想象思维能力。

在学习和记忆中运用对比联想可以提高学习效率和加强记忆，促进回忆。如语文教学中将一对反义词同时进行学习；算术教学中加和减，乘与除的对比；化学元素性质的对比，都是对比联想的运用。通过对比联想可加深对事物性质和特点的认识。

对比联想的特性有：逆向性、挑战性和反常性。另外，对比联想还可以分为以下几种：

1. 从性质属性对立角度进行对比联想

例如，日本的中田藤三郎关于圆珠笔的改进就是从属性对立的角度进行思考才获得成功的。1945 年圆珠笔问世，写 20 万字后漏油，后来制成的笔，书写 20 万字后，恰好油被用完，就把圆珠笔扔掉。这里就运用了对比联想法。

2. 从优缺点角度进行对比联想

发明者在从事发明设计时，既看到优点，看到长处，又想到缺点，想到短处，反之亦然。例如，铜的氢脆现象使铜器件产生缝隙，令人讨厌。铜发生氢脆的机理是：铜在 500℃左右处于还原性气氛中时，铜中的氧化物被氢脆无疑是一个缺点，人们想方设法去克服它。可是有人却偏偏把它看成是优点加以利用，这就是制造铜粉技术的发明。用机械粉碎法制铜粉相当困难，在粉碎铜屑时，铜屑总是变成箔状。把铜置于氢气流中，加热到 500℃ ~600℃，时间为 1~2 小时，使铜屑充分氢脆，再经球磨机粉碎，合格铜粉就制成了。这里就运用了对比联想。

1861 年，法国的莫谢教授运用对比联想法，发明设计了太阳能发动机，并取得了太阳能发动机法国专利权。

3. 从结构颠倒角度进行对比联想

从空间考虑，前后、左右、上下、大小的结构，颠倒着进行联想。

例如，中国的史丰收就是运用此种对比联想。一般人都是从右至左、从小到大进行数学运算，史丰收运用对比联想，反其道而行之，从左至右、从大到小来进行数学运算，运算速度大大加快。

再者，日本索尼公司的工程师运用对比联想，由大彩电开始进行对比联想，制成薄型袖珍电视机，显像管只有 16.5 毫米。

4. 从物态变化角度进行对比联想

即看到从一种状态变为另一种状态时，联想与之相反的变化。

例如，18 世纪，拉瓦把金刚石锻烧成 CO_2 的实验，证明了金刚石的成分是碳。1799 年，摩尔沃成功地把金刚石转化为石墨。金刚石既然能够转变为石墨，用对比联想来考虑，那么石墨能不能转变成金刚石呢？结果用石墨制成了金刚石。

对比联想在文艺创作和哲学研究以及发明创造等思维活动中都有比较重要的意义，青少年朋友若能把对比联想运用到学习活动中，你的学习效率一定会有所提高。

第5章 逆向思维——试着“倒过来想”更能解决难题

日常生活中，我们常常听到人们提及逆向思维。所谓逆向思维，也叫求异思维，它是对司空见惯的似乎已成定论的事物或观点反过来思考的一种思维方式。其实，对于某些问题，尤其是一些特殊问题，从结论往回推，倒过来思考，从求解回到已知条件，反过去想或许会使问题简单化。青少年朋友们，如果你能在生活和学习中巧妙运用逆向思维来解决问题，敢于“反其道而思之”，那么，你就能成为一个有创造力的人。

从另一端开始思考，就会豁然开朗

逆向思维也叫求异思维，它是对司空见惯的似乎已成定论的事物或观点反过来思考的一种思维方式。

青少年朋友们，相信你在生活和学习中都遇到过一些思维上的难题，常常感到手足无措。此时，如果你能转换一种思维的方式——由常规思维转换至逆向细微，就会发现，很多问题都能迎刃而解。

的确，我们不得不承认，在大多数情况下，人们已经习惯了运用常规思维解决问题，这种思维方式比较直接、容易被人们想到。然而，在需要创新时，这种常规思维方法不仅不能解决问题，而且还会束缚人们的思路，影响人们的创造性，这时，如果善于转换视角，从逆向去探求，从相反的方向去思考，也就是采用逆向思维法，往往会引起新的思索，产生超常的构思和不同凡俗的新观念。逆向思维的巧妙运用，常会给我们带来意想不到的收获。

我国古代有这样一个故事：

一位母亲有两个儿子，大儿子开染布作坊，小儿子做雨伞生意。每天，这位老母亲都愁眉苦脸，天下雨了怕大儿子染的布没法晒干；天晴了又怕小儿子做的伞没有人买。一位邻居开导她，叫她反过来想：雨天，小儿子的伞生意做得红火；晴天，大儿子染的布很快就能晒干。逆向思维使这位老母亲眉开眼笑，活力再现。

同样，在创造发明的路上，更需要逆向思维，逆向思维可以创造出许多意想不到的人间奇迹。可以说，科学史上的每一次创新都是逆向思维的结果，或推翻原有的荒谬学说和过时理论，或突破原有理论限制把科学引向新的领域。

高斯是德国伟大的数学家，小时候，他就是一个爱动脑筋的孩子。

在他上小学时，一次，一位老师想到一个对付班上淘气学生的办法，他出了一道算术题，让学生从1+2+3……一直加到100为止。他想这道题足够这帮学生算半天的，因此他可以清闲半天。谁知，出乎他的意料，没过多长时间，小高斯就举起手来，说他算完了。老师一看答案，5050，完全正确。老师惊诧不已，问小高斯是如何算出来的。

高斯说，他不是从开始加到末尾的，而是先把1和100相加，得到101，再把2和99相加，也得101，最后50和51相加，也得101，这样依次类推一共有50个101，结果当然就是5050了。

遇事要开动脑筋说起来容易做起来难。高斯的聪明之处就在于他能打破常规，跳出旧的思路，仔细观察，细心分析，从而找出一条新的思路。打破旧的思维模式，我们就可以在习以为常的事物中发掘出新意来。

纵观科学发展史，每一次创新都导致科学理论体系和结构的重新建造，使科学产生前所未有的快速发展，推动经济乃至整个社会的变革与进步。那么，是什么推动了科学创新？除了客观上已具备的时代条件外，科学工作者主观上的逆向思维是一个最重要的内在因素。

那么，什么是逆向思维呢？科学上的创新实践证明，逆向思维是一种突破常规定型模式和超越传统理论框架，把思路指向新的领域和新的客体的思维方式。

敢于"反其道而思之"，让思维向对立面的方向发展，从问题的相反面深入地进行探索，树立新思想，创立新形象。当大家都朝着一个固定的思维方向思考问题时，而你却独自朝相反的方向思索，这样的思维方式就叫逆向思维。人们习惯于沿着事物发展的正方向去思考问题并寻求解决办法。其实，对于某些问题，尤其是一些特殊问题，从结论往回推，倒过来思考，从求解回到已知条件，反过去想或许会使问题简单化。

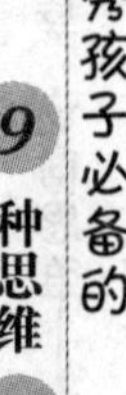

逆向思维最宝贵的价值，就是它对人们认识的挑战，是对事物认识的不断深化，在创造发明的道路上，更需要逆向思维，逆向思维可以创造出意想不到的人间奇迹。因此，青少年朋友们，你们也应该自觉地运用逆向思维的方法，使自己的生活与学习，充满活力、展现光彩！

反转你的大脑进行逆向思维

逆向思维是对传统思维的否定，因此，任何人要想巧妙地运用逆向思维，都必须学会反转你的大脑，克服思维定式的限制。

我们都知道，人一旦形成了某种认知，就会习惯性地顺着这种思维定式去思考问题，习惯性地按老办法想当然地处理问题，不愿也不会转个方向解决问题，这是很多人都存在的一种愚顽的“难治之症”。这种人的共同特点是习惯于守旧，迷信盲从，所思所行都是唯上、唯书、唯经验，不敢越雷池一步。而要使问题真正得以解决，往往要废除这种认知，将大脑“反转”过来。

因此，青少年朋友们，在培养自己的逆向思维过程中，你必须学会反转你的大脑、破除旧有思维的限制。

一次，德国大诗人歌德在公园散步时，在一条窄得仅容一人通过的小路上，碰见一位把他的所有作品都贬得一文不值的批评家。

两个人面对面站着，批评家出言不逊：“我从来不给蠢货让路！”

“我却正好相反！”歌德微笑着站到了一边。

批评家原想讥笑一下歌德，结果搬起石头砸了自己的脚。歌德所运用的这种思考方法就是我们所说的逆向思维方法。逆向思维不但在现代生活中起到了意想不到的作用，在战争时期，有一个小八路，运用逆向思维成功地闯过了敌人的种种关卡，把重要情报送到了目的地。故事是这样的：

在八年抗日战争时期，有一次，敌人把一个村庄包围了，不让村里的任何人出去，派了一个伪军在村子通向外界的唯一通道——一个小桥上把守，正巧村里有一个重要的情报要报告给在村外的八路军领导人，在敌人看守如此严密的情况下，怎样才能把情报顺利又安全地送出去呢？

村里的一个小八路，勇敢地担当起这个任务。小八路在黄昏时趁着夜色，悄悄地来到了小桥旁边的芦苇地，躲藏了起来。他认真地观察小桥上发生的一切，他注意到守关卡的敌人打起了瞌睡，凡是有村外的人来，他总是头也不抬地说，“回去，回去，村里不让进”。如此几次，小八路心里有了主意。

小八路钻出了芦苇地，悄悄接近并上了小桥，就在敌人抬头发话之前他突然转身向村里的方向走来，并且故意把脚步声弄得挺大，敌人听到后，还是头也不抬地说，回去，回去，村里不让进。结果小八路顺利过关把情报安全地送了出去，为部队打胜仗立下了汗马功劳。

这里，小八路之所以能把情报安全地送出去，就是因为他成功地运用了逆向思维。

的确，逆向思维在生活、学习和创新过程中，常常能表现出传统思维所不具备的很多优势，例如：

优势一：在日常生活中，常规思维难以解决的问题，通过逆向思维却可以轻松破解。

优势二：逆向思维会使你独辟蹊径，在别人没有注意到的地方有所发现，制胜于意料之外。

优势三：逆向思维会使你在多种解决问题的方法中获得最佳方法和途径。

优势四：生活中自觉运用逆向思维，会将复杂问题简单化，使办事效率和效果成倍提高。

可见，逆向思维最可宝贵的价值，是它对人们认识的挑战，是对事物认识的不断深化，并由此而产生“原子弹爆炸”般的威力。

换条思路进行逆向思维

在思考问题时，当你殚精竭虑，左思右想从正面不能突破时，不妨应用逆向思维。这时，往往能茅塞顿开，收到意想不到的效果。

在生活中，可能每个人都有过这样的经历：你已经习惯了从茎窝凹处切分苹果，若不改变切法，不管切多久，都不会有新奇的发现；若横切一刀，你就会发现：苹果核竟显示出清晰的五角星状。的确，很多时候，这条路走不通，不妨另走一条，多一条路多一道风景。思维一变天地宽，勤思考，善于逆向、转向和多向思维的人，总能找出解决问题的方法，总能以最少的力气，取得最满意的效果。

这就是转换型思维法，它指的是在研究一问题时，由于解决这一问题的手段受阻，而转换成另一种手段，或转换角度思考，以使问题顺利解决的思维方法。如被传为佳话的司马光砸缸救落水儿童的故事，实质上就是一个用转换型逆向思维的例子。由于司马光不能通过爬进缸中救人的手段解决问题，因而他转换为另一手段，破缸救人，进而顺利地解决了问题。

从前，有个理发师傅收了一个徒弟。徒弟学艺3个月后出师了。师傅让他正式上岗。他给第一位顾客理完发，顾客照照镜子说："头发留得太长。"徒弟不语。师傅在一旁笑着解释："头发长使您显得含蓄，这叫藏而不露，很符合您的身份。"顾客听罢，高兴而去。

徒弟给第二位顾客理完发，顾客照照镜子说："头发留得太短。"徒弟不语。师傅笑着解释："头发短使您显得精神、朴实、厚道，让人感到亲切。"顾客听了，欣喜而去。

徒弟给第三位顾客理完发，顾客边交钱边嘟囔："剪个头花这么长的时间。"徒弟不语。师傅马上笑着解释："为'首脑'多花点时间很有必要。您没听说：进门苍头秀士，出门白面书生！"顾客听罢，大笑而去。

徒弟给第四位顾客理完发，顾客边付款边埋怨："用的时间太短了，20分钟就完事了。"徒弟心中慌张，不知所措。师傅马上笑着抢答："如今，时间就是金钱，'顶上功夫'速战速决，为您赢得了时间，您何乐而不为？"顾客听了，欢笑告辞。

故事中的这个师傅，能说会道，巧妙地运用了逆向思维，在几种截然不同的情况下，都能帮助徒弟转危为安，从而使徒弟摆脱了尴尬，让顾客满意离去。

的确，思路一变天地宽，很多时候，在我们看似无路可走的情况下，只要转换思考的角度，就能找到出路。

日本虽是一个经济强国，但又是一个资源贫乏国，因此他们十分崇尚节俭。当复印机大量吞噬纸张的时候，他们把一张白纸正反两面都利用起来，一张顶两张，节约了一半。日本理光公司的科学家不以此为满足，他们通过逆向思维，发明了一种“反复印机”，已经复印过的纸张通过它以后，上面的图文消失了。重新还原成一张白纸。这样一来，一张白纸可以被重复使用许多次，不仅创造了财富，节约了资源，而且使人们树立起新的价值观：节俭固然重要，创新更为可贵。

每一位青少年朋友都应该学会转换思维，如果一味地走别人走过的老路，毫无创新的话，那么，你只能复制别人的未来；如果你寻找到属于自己的路，那么，你的未来就是美好的。事实上，无论做什么，都是这个道理，都要有灵光的头脑，善于创造性思维，不能钻牛角尖。

逆向思考，缺点也有可能变成优点

缺点逆用思维法是一种利用事物的缺点，将缺点变为可利用的东西，化被动为主动，化不利为有利的思维发明方法。

在思维的类型中，最简单的思维方向是线性方向，它是由线性思维演绎而来，分为正向思维和逆向思维两种。人们最常用的思维是正向思维，从而忽视了逆向思维。然而，很多时候，逆向思维的功用往往比正向思维大得多。例如，当你面对一个满是缺点的事物，运用正当思维，你可能会束手无策，但逆向思维却能让你找到它的优点。这就是“缺点逆用思维法”。这种方法并不以克服事物的缺点为目的，相反，它是将缺点化弊为利，找到解决方法。例如金属腐蚀是一种缺点，但人们利用金属腐蚀原理进行金属粉末的生产，或进行电镀等其他用途，无疑是缺点逆用思维法的一种应用。

因此，在日常生活和学习中，你若希望培养自己的创造性，就要善于运用缺点利用思维法。同时，它还能帮助你用正确的、积极的眼光看到事物。我们先来看下面一个故事：

有个调皮的学生，在粉笔盒里放了一条冬眠的蛇，希望给新接班的女教师一个下马威。但那位教师巧妙地运用了这种方法，将消极因素转化成了积极因素。她待同学们安静下来后，带着余悸平缓地说："据说每位接我们班的新老师，都收到一份大家赠送的特殊礼物，王老师的灰老鼠、郑老师的大王蜂……而我呢，你们送了一条水蛇。"她微微笑了笑，指着那条蛇说："我是第一次这么近看到蛇，刚才还摸到它，着实吓了一跳。不过我觉得捕捉这条蛇的同学挺勇敢，至少有一定的捕蛇经验……我相信，凭他们的能力，不仅仅能做到勇敢，还应该做出点其他什么，老师相信你们。"

那几个调皮的学生原本等着看"戏"挨剋，没料到老师还表扬了他们，那可是非常难得的，可不知为什么他们就是高兴不起来，只是呆呆地听老师讲有关蛇的知识……第二天早晨，这位教师又踩着铃声走进教室，一股清香扑鼻而来，她惊喜地看到，讲台上的粉笔盒里插着一束野菊花，教室里鸦雀无声……从此，这个班发生了变化。

女教师从学生的调皮行径中，看到的不是孩子的"无可救药"，而是他们的能力，于是，她的一席话，寓庄于谐，似乎是一本正经的说笑话，却设置了一种心理相容的教育情境，对捣蛋学生进行了耐人寻味的教育，其教育效果是直面斥责和经济惩罚等教育形式难以企及的。

从这里，我们能看出，紧盯着事物的不足不一定达到效果，而一反常态，从事情的另一面——优点入手，则会达到完全不一样的效果。

某时装店的经理不小心将一条高档呢裙烧了一个洞，其身价一落千丈。如果用织补法补救，也只能蒙混过关，欺骗顾客。这位经理突发奇想，干脆在小洞的周围又挖了许多小洞，并精于修饰，将其命名为"凤尾裙"。一下子，"凤尾裙"销路顿开，该时装商店因此也出了名。

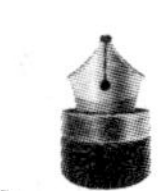

逆向思维带来了可观的经济效益。无跟袜的诞生与“凤尾裙”异曲同工。因为袜跟容易破，一破就毁了一双袜子，商家运用逆向思维，试制成功无跟袜，创造了非常良好的商机。

无论是发明创造还是看待事物，如果你能运用缺点利用思维法，那么，你就能找到事物积极的一面，最终“变废为宝”。

由果及因思考法

由果及因思考法指的是从已知事物的相反方向进行思考，产生发明构思的途径。

我们都知道，一个人只能在一个时刻做一件事，也只能在某个时刻朝一个方向思考。而通常来说，在因果关系上，人们习惯了从因到果思考，而逆向思维却提倡由果及因思考法。也就是“倒过来”想，是相对正向思维而言的。所谓正向思维，指的是按事物发展的时间和空间顺序，从事物产生的原因（或条件）去逐步导出结果（或结论），即由因及果的思维方式。而逆向思维的顺序，由结果（或结论）去分析，寻求产生这一结果（或结论）的原因（或条件），也即由果寻因的思维方式。

例如，市场上出售的无烟煎鱼锅就是把原有煎鱼锅的热源由锅的下面安装到锅的上面。这是利用逆向思维，对结构进行反转型思考的产物。

香港有一家专营胶黏剂的商店，为了让一种新型“强力万能胶水”广为人知，店主用胶水把一枚面额千元的金币粘在墙壁上，并宣称：“谁能把金币掰下来，金币就归谁所有。”一时，门庭若市，登场一试者不乏其人。然而，许多人费了九牛二虎之力，仍然徒劳而归。有一位自诩“力拔千钧”的气功师专程赶来，结果也空手而归。于是，“强力万能胶水”的良好性能声名远播。

当然，这家胶黏剂商店终于如愿以偿了。

材料中新产品一上市，之所以“获得巨大效益”，一是因为该强力万能胶水粘后能“岿然不动”的有目共睹的过硬质量；二是由于店主采用了非同寻常的营销宣传策略，于是，我们便能顺理成章地分别得出“事实胜于雄辩”、“酒香还需巧吆喝”的结论。相比之下，后者更富有时代气息。

这里，这家店主采用的便是由果及因思考法。的确，事物都是互相联系的。例如，有很多事物就是以因果关系的联系形式存在的。青少年朋友，在生活中，当你看到某种现象时，也应该有查找造成现象的原因的愿望，经常练习，你的逆向思维能力一定会有所提高。

具体来说，你需要做到：

1. 要有探究的兴趣和愿望

这是寻找原因的前提，因为兴趣是最好的老师，有了探究的兴趣，在看到事物时，就有了探究的动力。

2. 要有不达目的不罢休的热情

在寻找失去原因的过程中，难免会产生这样或那样的阻碍因素，此时，大部分人可能会选择放弃，然而，如果你能坚持到底，不但能锻炼自己的意志力，更能提升你的思维品质。

3. 学会顺藤摸瓜

事物与事物之间是有联系的，而事物本身的因果更是联系紧密，因此，在探究事物原因时，只要我们紧抓结果，顺藤摸瓜，一定能找到我们想要的答案。

善用由果及因思考法是培养自己逆向思维能力的重要方面，在日常生活中，养成凡事多思考的习惯，相信会对你有所帮助。

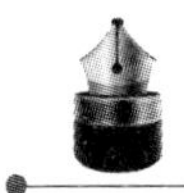

第6章 移植思维——“甲之蜜糖，乙之砒霜”

在人类的思维形式中，有一种特别的形式叫做移植思维，它指的是把某一学科领域中的原理、规律、方法、知识、技术和功能等运用到另一学科领域去研究问题的一种思维方法，形象地说，就是借“他山之石攻玉”的方法。青少年朋友们，在思考中，如果你也能学会思维的“移植”，那么，你就拥有了一种改造世界的魔力。

移植思维法的妙处

这种“由此及彼”的思考方式与联想有关，又可称为移植思考，即将某一事物中所发现的新原则或新方法，通过类比思考应用到对其他事物的研究中去，而且在创造中应用较广。

“移植”一词，多半用于医学上，但其实，在思考问题时，我们也可以运用移植法，这就是移植思维。所谓移植思维法，就是把某一领域的科学技术成果运用到其他领域的一种创造性思维技法。移植思考有点类似于模仿思考和类比思考，都是借鉴其他事物的一种思考方法，如果你巧妙运用，将会取得重要成果和意外收获。

的确，很多时候，出现在我们眼前的事物往往是成对的，如前面的和后面的，正面的和反面的，一个侧面反映着另一个侧面，两者之间的关系又往往暗示着新的途径和新的思想，这就为由此及彼的思考提供了有利的前提条件。现代“仿生学”就反映了“由此及彼”的思维方式，已在创造发明中显示了重大作用。

例如，在早先研究潜艇速度时发现潜艇速度总不能提高，由此人们想到了游得极快的海豚，究竟是什么原因使海豚有那么快的游泳速度呢？经研究发现其关键之一在于皮肤的特殊结构，于是人们发明创造了类似海豚皮的潜艇蒙皮，由此很快地提高了潜艇的速度。

我们再来看大发明家爱迪生小时候是如何巧妙运用移植思维的：

爱迪生11岁那年，妈妈突然生病了，医生说需要立即做手术。但是当时爱迪生的家里很穷，住不起医院，于是他请求医生在家里为妈妈做手术。当时天色已晚，爱迪生的家里只有煤油灯，光线太暗，医生为难地说：“光线太暗无法进行手术啊。”

妈妈疼得在床上直打滚，爸爸和医生也想不出更好的办法来。这时，爱迪生看着窗外的月光，突然想起白天和小朋友一起玩阳光反射的游戏。他兴奋地说：“爸爸，我有办法了！”

他让爸爸把大衣柜上的镜子拆下来，又到邻居家借了好几块大镜子和煤油灯。他把镜子和煤油灯都放在床的周围，挨个调整角度，使镜子里反射出来的光聚合在一起。床上顿时明亮起来。

在爱迪生的帮助下，医生的手术进行得十分成功，爱迪生的妈妈得救了！

爱迪生使用的其实就是移植思维法，他把太阳光的反射原理移植到了灯光的反射当中，从而用“微弱”的灯光照亮了医生的手术台。从思维方法角度看，移植思维法是通过联想、类比、综合，力求从表面上看仿佛是毫不相关的事物和现象之间，发现它们的联系。

这里，我们能发现移植思维最明显的妙处是能追求优化和高效。移植思维方法是科学研究中最简便、最有效的，也是应用最广最多的方法。无论是科学研究工作者或实际工作者，只要掌握了移植思维方法的要点，留心世事，就能够巧妙地运用移植思维方法，做到有所发现，有所发明，有所创造。

他山之石，可以攻玉

移植思维又叫模仿思维，即“拿来主义”，是指将已知的概念、原理或方法直接或稍加改造后借用到其他领域进行创新的思维方式。

“他山之石，可以攻玉”，这一富有哲理的成语，最初便出自《鹤鸣》。本意是：别的山上的石头，能够用来琢磨玉器。原比喻别国的贤才可为本国效力，后比喻能帮助自己改正缺点的人或意见。其实，他山之石，可以攻玉就是移植思维的典型体现。

青少年朋友，相信你们都见过“呼啦圈儿”，也玩过“呼啦圈儿”，那么，你知道“呼啦圈儿”是怎么发明的吗？

这要归功于世界玩具大王路易·马克斯。前些年，他为研究南洋土著民族的游戏，亲自去南洋进行实地考察，他发现有一种套在腰间转着玩耍的木圈很有意思，回国后他便用塑料仿制了出来，这就是后来市场上大量出售并风靡全球的“呼啦圈儿”。

看来，“呼啦圈儿”并非路易·马克斯的发明，而是他模仿、移植过来的。“他山之石，可以攻玉”。所以，要想取得成功，就必须针对问题将选取来的材料统统据为己有，所要注意的是，千万不要机械地模仿，而要把它灵活地变成自己的东西，然后再加上自己的哪怕是一点点的独创，这样，我们就清楚了什么叫做移植。

我们再来看一个初三学生的作文：

“作为学生，我们都很羡慕那些中考状元，但其实，‘他山之石，可以攻玉’，成功是可以模仿的，如果我们能吸取这些高考状元的经验，相信我们一定会在考试成绩上有所提高。

这些秘诀，我花了两天时间归纳、总结、分析，并拟出了五条最主要的、最有用的学习良方。这五条良方对我触动很大，感受很深。

感受之一：学习要有计划。学习计划对于一个学生来说尤为重要。不少状元因为学习注重计划，所以取得了优秀的成绩。他们一年四季都有学习计划，每月、每星期该干什么，都明明白白，受益匪浅。

感受之二：学习要讲效率。

感受之三：学习要重积累。这几十个状元一半以上有两个本，一个“知识本”，一个“纠错本”。

感受之四：学习要多问。

感受之五：学习要自律。我了解到，一些状元的家长并不常管他们，但都很放心。

……

现在，中考状元们都进入了自己理想的学校学习，实现了梦想。他们良好的学习方法肯定能给我莫大的帮助，使我以后学习成绩更加优秀！”

这里，我们看到了一个善于学习的学生是如何巧妙地学习他人的学习经验的，这也是移植思维的巧妙运用。

在日常的生活和学习中，我们都要积极地开动自己的脑筋。在思考问题时，要多调动自己的知识储备，这样，就能借鉴前人的经验和教训，进而移植到自己的大脑中，从而使很多问题迎刃而解。

选择好移植对象

作为一种思维形式，移植思维必须要靠联想搭桥，但更要选择好移植的对象。

我们都知道，把其他事物的特长和功能合理地移植过来，达到创造的目的，这一思维过程便叫合理移植思维。事物都是普遍联系的，巧妙利用这种内在联系和直观联系，把现有知识成果引入新的领域，往往能促使人们以新的眼光、新的角度去发现新的事实，产生新的成果。那么，最初人们怎么会想到把一物移植到另一物上呢？人们的任何行为都是受其观念支配的，因此指导人们进行移植实践的是思维方法。一般来说，移植是由联想来牵线搭桥的，没有联想就没有移植。

但仅仅靠联想还是不够的，我们还需要选择好移植的对象，否则，我们只能做无用功。

但丁有一次路过一家铁匠作坊门口，意外地听到里面的铁匠一边打铁，一边唱着他的诗歌。但丁听到铁匠任意缩短和加长自己的诗句，感到十分恼怒。他本想进去跟铁匠理论，但想到铁匠根本就不会明白他的想法，而且也无法与铁匠进行沟通，他就停住了脚步。

过了一会儿，但丁想出了一个办法。他径自走进铁匠的作坊，二话没就说拿起铁匠的锤子、钳子等工具，一件一件地扔到了街上。

铁匠气坏了向他扑去，气愤地质问："干什么？你疯了吗？干吗乱扔我的工具，使它们受到了损坏？"

但丁理直气壮地答道："那你为什么唱我的诗歌却不按我写的格式去唱？你把我的作品全部破坏了！"铁匠一听就明白了但丁的意思，急忙向但丁道歉。

这里，很明显但丁就是把思考的对象由自己的"诗歌"转移到"铁匠的工具"上，从而巧妙地让铁匠认识到自己的问题。

移植有两种：一种是先见到可"移"之物，触景生情，引起联想。

例如，盲文的发明就属于这一类。

在许多年之前，法国海军巴比尔舰长带着通信兵来到一所盲童学校，向孩子们表演夜间通信。由于在漆黑的夜晚，眼睛是用不上的。于是，军事命令被传令兵译成电码，在一张硬纸上，用"戳点子"的方法，把电码记下来。而接受命令的一方的士兵，用"摸点子"的方法，

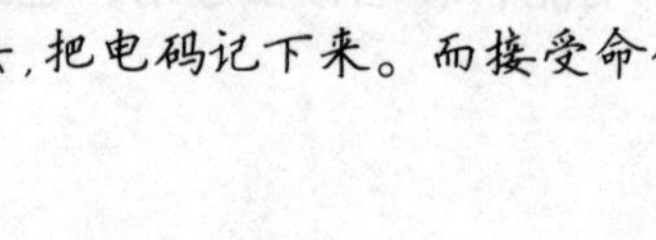

再译出军事命令的内容。这一表演引起盲童布莱叶的极大兴趣。对于他来说，"戳点子"和"摸点子"就是"可移"之物。于是，他反复研究，终于发明了"点子"盲文，并一直沿用到今天。

另一种是根据移植的需要，去寻找"可移"之物，通过联想而导致移植发明的成果。压缩空气制动器的发明就是一例。

火车发明后，由于制动器的力量太小，在紧急情况下，常由于刹不住车而发生重大的交通事故。有一个叫乔治的美国青年，他目睹了车祸的发生，于是萌发了要发明一种力量更大的制动器，这就是移植的需要。一天，乔治从当地的报纸上看到用压缩空气的巨大压力开凿隧道的报道，于是他想：压缩空气可以劈石钻洞，为什么不可以用它来制造火车制动器呢？就这样，乔治找到了"可移"之物。反复试验之后，22岁的乔治终于发明了世界上第一压台压缩空气制动器。

可见，移植法的应用不是随意的，而是有它自身的客观基础，即各研究对象之间的统一性和相通性；移植也不是简单的相加或拼凑，移植本身就是一个创造过程。

移植方式的选择很重要

移植思维方式的重点在于移植，但在具体运用时，要选择好移植的方式，才能"移植"成功。

我们都知道，移植思维在发明创造的过程中发挥着不可替代的作用。数学家华罗庚也说过："科学的灵感，绝不是坐等可以等来的。"因此，在运用这一思维时，除了要选择好移植的对象，还要选择好移植方式。

移植的形式和途径是多种多样的，归纳起来，不外乎有以下几种。

方法 1：原理移植

在医学史上，奥地利医生奥恩布鲁格的父亲是个酒商，奥恩布鲁格经常看见他父亲通过手指上下敲酒桶的木盖，从木制酒桶发出的声音判断酒桶内是否有酒，有多少酒。有一次，奥恩布鲁格给一个病人看病，但一直到这个病人死去，也没有诊断出患的是什么病。后来，经过对死者尸体的解剖，他才发现病人胸腔已化脓，积满了水。在这种情况下，奥恩布鲁格经过思索与研究，就把其父亲用手指叩击木桶盖听声音来判断桶内酒量多少的方法移植到医学上来，经过临床的观察、试验，终于发明了叩诊法。

方法 2：观念（或概念）移植

观念是客观事物在人的头脑中的概括物，它可以保留在人的大脑里，也可以通过语言文字传递给他人。那么，观念可以移植吗？所谓除掉破旧的传统观念，就是移入新的观念代替旧的观念。例如，关于计划经济和市场经济的问题，过去是把它们对立起来，作为社会主义和资本主义的分水岭。其实，计划经济和市场经济是两种不同的经济理论，它们同其他的科学技术一样，可以为不同制度的国家所利用。由于打破了这个传统观念，自 20 世纪 80 年代以来，我国移植了市场经济观念，因而使得我国的经济出现了持续增长的大好局面。

方法 3：手段移植

在技术革新和发明创造中，人们把冶金、化工中的冷却技术，直接移植、应用于发电机和可控硅技术系统中去，发明出双水内冷发电机和水冷可控硅新技术；建筑师们把爆破技术引进了技术领域内，发明了定向爆破技术；泌尿科医生把微爆破技术引进医疗临床技术中，发明了一种新的清除肾结石的爆破医疗技术法，等等。这些都是通过技术手段的移植取得成功的。

方法 4：功能移植

在早先研究潜艇速度时，发现潜艇速度总不能提高，由此人们想到了游得极快的海豚，究竟是什么原因使海豚有那么快的游泳速度呢？经研究发现，其关键之一在于皮肤的特殊结构，于是人们发明创造了类似海豚皮的潜艇蒙皮，很快地提高了潜艇的速度。再如，日本一家公司将妇女烫发用的电吹风技术，经过改型设计，用于烘干被褥，结果发明了一种被褥烘干机。

总之，移植思维并不是让我们投机取巧，而是需要我们积极运用思维的力量。掌握以上几点移植的方式，能帮助你在思考问题的过程中更熟练地运用移植思维方式。

从“鲶鱼效应”看竞争机制

人类处于一个充满竞争的社会。只有竞争，人类才富有活力，只有竞争，才能推动人类不断进步，正是因为竞争，整个社会才日新月异，飞速发展。

竞争，在字典里是这样解释的：为了自己的利益而跟别人争胜。良性竞争是发展自己、提高自己的动力。青少年应该学会与人进行良性的竞争，尤其在当今竞争如此激烈的社会里，只有学会竞争，才能更好地适应社会。相反，如果你事事都退缩，那么，你就很难激发自己的潜能，更不用说发掘出人生的深层意义和享受美好的人生。这一点，是从心理学上的“鲶鱼效应”移植过来的。

关于这一效应，有这样一个由来：

在北欧的挪威，人们都喜欢吃沙丁鱼。

一般来说，活鱼会比死鱼贵得多，沙丁鱼也是如此，所以，当地

的渔民为了让沙丁鱼活着回到渔港，想尽了各种方法，但收效甚微。

奇怪的是，在这些渔船中，只有一条渔船总是能让大部分沙丁鱼活着回到渔港。船长严格保守着秘密。直到船长去世，谜底才被揭开。

原来，船长在装满沙丁鱼的鱼槽里放进了一条以鱼为主要食物的鲶鱼。鲶鱼进入周围充满沙丁鱼的鱼槽后，由于环境陌生，便四处游动。沙丁鱼看见陌生的鲶鱼，自然十分紧张，每一条鱼都四处躲避，加速游动。这样沙丁鱼缺氧的问题就迎刃而解了，沙丁鱼也就不会死了。如此一来，一条条沙丁鱼活蹦乱跳地回到了渔港。

这就是著名的“鲶鱼效应”的由来，“鲶鱼效应”告诉我们，竞争可以激发人们内在的活力。

有位母亲有这样的隐忧：“儿子已经10岁，身体的发育超越了同龄的孩子，高高的个子，健壮的身体，帅气的面庞，可他的心理年龄依旧停留在小奶娃的阶段。尤其是在勇敢、独立和竞争方面让我着急，让我不知所措。丈夫因为工作关系常年在外，孩子的教育自然就落在了我身上。家里房子很大，有楼上和楼下，但只有我和儿子住，一到晚上，儿子总是吵着让我睡他旁边，外面有点风吹草动，他就害怕地说：‘妈妈，我害怕。’即使他睡着了，还让我开着所有的灯。有时，我故意跑到客厅的沙发上睡，看他半夜起来还找不找我！无可救药的是，他居然找到客厅，宁可躺在地板上睡，也不回自己房间。”

“儿子在小区里有三四个要好的同学，他们经常到我家来玩电子游戏，例如赛车了，三国了，他们在一起很友好，但友好得让我有点担心，他们从不比第一。竞争意识很淡漠，如此这般身体力行地教育男孩子，将来我们这些妈妈会不会也‘栽培’出新一代的‘啃老族’？”

这位家长的隐忧是有道理的，不愿意做元帅的士兵就不是好士兵。青少年朋友们，你们要学会培养自己的竞争意识，要意识到适者生存的道理。也有越来越多的家长认为，“乖”孩子已经不适应社会了，要

想将来不被社会淘汰，就要从小具备竞争意识。

当然，对于你们自身来说，在学习和生活中应该为自己树立一个竞争对象。对此，你可能已经习惯了选择班级最优秀的同学作为竞争对手，由于差距大，加之中学阶段的你自制能力差，竞争往往半途而废，或者总是失败，达不到竞争的效果，甚至会造成负面影响，所以，你在选择竞争对象的时候，最好选择一个成绩高于自己的但与你的差距一定不要过大的竞争对手，并且，在平时，最好多注意观察竞争对手的学习习惯、学习方法和学习劲头等。每次测试后进行分析对比，找出差距以及原因，这样经过一段时间的竞争，当你首战告捷时，你不但享受到了成功的喜悦，还会有信心加入新一轮的竞争。

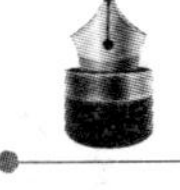

还需要注意的是，你需要培养的不仅仅是竞争意识，还有竞争心态，因为竞争意识会随着你的成长而逐步形成的，你的心态才是最重要的，只有建立良好的心态，才能形成正确的竞争意识。面对一个激烈竞争的世界，你在拥有竞争意识的同时，一定要学会用爱去与人相处，否则，你最终只会变成一个冷酷无情的人。

“边际效应”理论用处多

每个青春期的孩子，都要学会制订合理的学习计划。制订一份合理的学习计划，就等于找到了促进学习进步的金钥匙，养成守时、有序、高效的好习惯，是你一生受用不尽的财富。

心理学上有个名词叫“边际效应”，有时也称为边际贡献，它是指消费者在逐次增加一个单位消费品的时候，带来的单位效用是逐渐递减的（虽然带来的总效用仍然是增加的）。通俗的解释是：我们向往某事物时，情绪投入越多，第一次接触到此事物时情感体验也越强烈，但是，第二次接触时，会淡一些，第三次，会更淡……依次类推，我们接触该事物的次数越多，我们的情感体验就越淡漠，一步步趋向乏味。这效应，在经济学和社会学中同样有效，在经济学中叫“边际效益递减率”，在社会学中叫“剥夺与满足命题”，是由霍曼斯提出来的，用标准的学术语言说就是：“某人在近期内重复获得相同报酬的次数越多，那么，这一报酬的追加部分对他的价值就越小。”

青少年朋友们，可能你对这些心理学定义并不明白，那么，我们不妨先举个简单的例子。比如说我们在饥饿的时候，拿到了一盘包子，你在吃的时候，第一个乃至第五个非常香，最后吃饱了，剩下几个包子还想吃，觉得不太好，一点儿好的感觉都没有。就是这个，物质消费达到了一定的程度，人们就开始对这种状况的消费产生一种厌倦的心理。

这就是“边际效应”产生的效果。对于这一效应，其实我们可以巧妙地将其移植到其他领域，例如，科技领域、教育领域、爱情领域等。

下面，我们不妨以“教育边际效应”为例分析：

随着升学压力的增大，相信你的班主任老师肯定会加大对你们的教育程度，你也认识到了学习的重要性，因此，你要告诫自己：每天晚上回家都不要玩游戏、努力学习，刚开始，你可能会很好地完成学习任务，但你能坚持多久呢？

其实，正确的学习方法是劳逸结合，而不是打疲劳战。虽然学习时间与学习效果一般而言成正比，但学习本身又是一种高强度的思维活动，大脑如果没有得到必要的休息和适当的调整，不仅会影响人的身心健康，也会使学习效果大打折扣。

因此，根据边际效应，你若想提高学习效率，就不能再打疲劳战了，而应该注重制订学习计划，具体来说，你需要做到：

1. 保证充足的睡眠很重要

你每天最起码要保证自己有 8 小时以上的睡眠；晚上要早睡，不要熬夜，坚持午休。只有拥有饱满的精神，才能提高学习效率。

2. 集中注意力学习，不要分心

无论是玩还是学习，都要做到全力以赴。二十四小时不放松的学习固然不能取得良好的效果，但学习时依然惦记着玩耍，更不能学好。因此，学习时一定要全身心地投入，手脑并用。

3. 主动学习

人们常说，兴趣是最好的老师。的确，只有主动、积极地学习，才能挖掘出学习的兴趣，也才能提高效率。反过来，学好了，有成果了，兴趣也就有了。因此，对于学习过程中总是有不懂的问题，一定不要羞于向人请教，不懂的地方一定要弄懂，一点一滴地积累，才能进步。如此，才能逐步地提高效率。

4. 坚持体育锻炼

身体是“学习”的本钱，没有一个好的身体，又怎么能学习好呢？因此，学习再忙，也不要忘了锻炼身体，有的男孩为了学习而忽视锻炼身体，结果身体越来越弱，学习越来越感到力不从心。这样怎么能提高学习效率呢？

5. 注意整理

我们发现，那些学习成绩好的孩子，多半都有一个良好的学习习惯——及时整理。整理的好处在于，能及时温习学过的知识，加深印象。如果你不懂得整理知识，那么，很容易拣了芝麻丢了西瓜，没有条理，怎么能学好呢？

6. 保持愉快的心情，和同学融洽相处

每天保证有个好心情，做事干净利落，学习积极投入，效率自然高。另外，把个人和集体结合起来，和同学保持互助关系，团结进取，也能提高学习效率。

能不能掌握正确的学习方法，关乎到一个学生学习效率的高低，而学习效率的高低，又是一个学生综合学习能力的体现。在学生时代，

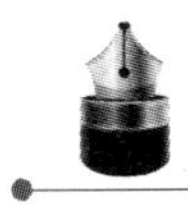

学习效率的高低主要会对学习成绩产生影响。当一个人进入社会之后，还要在工作中不断学习新的知识和技能，这时候，学习效率的高低则会影响他的工作成绩，继而影响他的事业和前途。可见，在中学阶段就养成良好的学习方法和习惯，拥有较高的学习效率，对一个人一生的发展都大有益处。

第7章

聚合思维——层层剥笋，揭示问题核心

聚合思维，是人们在生活中经常使用的一种思维。所谓聚合思维，就是在思维过程中，尽可能利用已有的知识和经验，把众多的信息逐步引导到条理化的逻辑程序中去，以便得到一个合乎逻辑规范的结论。聚合思维包括分析、综合、归纳、演绎、科学抽象等逻辑思维和理论思维形式。

直击问题的症结

聚合思维是创新性思维的另一基本成分，又叫辐合思维、集中思维、求同思维，是思维者聚集问题有关的信息，在思考和解答问题时，进行重新组织和推理，以求得唯一正确答案的收敛式思维方式。

青少年朋友们在考试时或许都遇到过这样的情况：很多选择题的选项都很有迷惑性，你常常陷入困惑，此时，如果你运用聚合思维，就能直击问题的症结，找到最佳答案。其实，你在学校里的学习、考试，大多是靠聚合思维进行的，因而也可以说，你成绩的优劣，是与你的聚合思维水平关系极为密切的。

那么，什么是聚合思维呢？

聚合思维是指从已知信息中产生逻辑结论，从现成资料中寻求正确答案的一种有方向、有条理的思维方式。聚合思维法又被称为求同思维法、集中思维法、辐合思维法和同一思维法等。聚合思维法是把广阔的思路聚集成一个焦点的方法。它是一种有方向、有范围、有条理的收敛性思维方式，与发散思维相对应。聚合思维也是从不同来源、不同材料、不同层次探求出一个正确答案的思维方法。因此，聚合思维对于从众多可能性的结果中迅速作出判断，得出结论是最重要的。

因此，如果你遇到了问题，对于手中掌握的多个相关素材，你要学会聚合思维，找到相关要素，或并列，或正反，或层进，以便在素材运用时产生“合力”。

1960 年英国某农场主为节约开支，购进一批发霉花生喂养农场的十万只火鸡和小鸭，结果这批火鸡和小鸭大多得癌症死了。不久，在我国某研究单位和一些农民用发霉花生长期喂养鸡和猪等家畜，也产生了上述结果。1963 年澳大利亚又有人用霉花生喂养大白鼠、鱼、雪貂等动物，结果被喂养的动物也大多患癌症死了。研究人员从收集到的这些资料中得出一个结论：在不同地区，对不同种类的动物喂养霉花生都患了癌症，因此霉花生是致癌物。后来又经过化验研究发现：霉花生内含黄曲霉素，而黄曲霉素正是致癌物质，这就是聚合思维法的运用。

当然，如果你有兴趣进一步发散思考的话，你还会想下去，那就是既然黄曲霉素是致癌物质，那么凡是含有黄曲霉素的食物都是致癌物，除霉花生含有黄曲霉素外，还有哪些食物含有黄曲霉素呢？

聚合思维法是人们在解决问题过程中经常用的思维方法。例如，科学家在科学试验中，要从已知的各种资料、数据和信息中归纳出科学的结论；企事业的合理化改革，要从许许多多方案中选取出最佳方案；公安人员破案时，要从各种迹象、各类被怀疑人员中发现作案人和作案事实等都是靠运用聚合思维方法。由此可知，聚合思维法是教师学生应该掌握的有效方法。

当然，你在应用聚合思维方法时，一般要注意三个步骤。

第一步是收集掌握各种有关信息。采取各种方法和途径，收集和掌握与思维目标有关的信息，而资料信息越多越好，这是选用聚合思维的前提，有了这个前提，才有可能得出正确结论。

第二步是对掌握的各种信息进行分析清理和筛选。这是聚合思维的关键步骤。通过对所收集到的各种资料进行分析，区分出它们与思维目标的相关程度，以便把重要的信息保留下来，把无关的或关系不大的信息淘汰。经过清理和选择后，还要对各种相关信息进行抽象、概括、比较、归纳，从而找出它们共同的特性和本质的方面。

第三步是客观地、实事求是地得出科学结论，获得思维目标。

在运用聚合思维时，遵循以上三个步骤，一定能帮你找到问题的症结，从而有的放矢地解决问题。

有些问题的答案是唯一的

聚合思维发生于当问题只有一个正确答案或一个最好的解决方案时，一般智力测验中所衡量的主要是聚合思维的发展水平。

以日常学习中的选择题为例，青少年朋友，有时候，你所做的题好像是多项选择，因为每个答案看起来都很正确，此时，你该怎么办？如果你拿不定主意，你不妨用聚合思维来解决。因为聚合思维发生于当问题只有一个正确答案或一个最好的解决方案时，一般智力测验中衡量的主要是聚合思维的发展水平。

的确，聚合思维确定了发散思维的方向。漫无边际地发散后，总是要辐合的，集中有价值的东西，才是真正的创造。从创造性的目的来看，是为了寻找客观规律，找到解决问题的最好办法。

我们先来看下面一个生活中的故事：

宁宁已经上初中了，在众多科目中，她最喜欢历史，这与她的家庭环境有关，她的父亲是个历史学教授，她从小就很喜欢那些古老的东西，她也喜欢看父亲书房中的那些历史书。而到了初中，她终于可以正式接触历史这门课了。然而，当他真正学习历史时，却发现这门课并没有想象中那么简单。

这天，宁宁放学后就钻进自己房间，爸爸心想，宁宁真是个爱学习的孩子。晚饭时，宁宁撅着嘴从房间走出来，看样子学习上是遇到麻烦了，爸爸试探着问宁宁："孩子，怎么了？是不是遇到什么问题解决不了？"

"爸爸，我觉得历史老师有点为难我们。"

"这话怎么说呢？"

"今天这些试卷上的题目是历史老师自己出的，您说过，历史一定要尊重现实，可是他给的那些选择题的答案却都是模棱两可的，好像所有答案都可以，历史书上也找不到答案，你说怎么办？"宁宁很委屈地说。

"孩子，很高兴你记住了爸爸说的话，历史的确是要尊重事实，但同时，无论是时间、地点还是事件、人物，正确的答案只有一个，所以，老师给出的选项里只有一个答案是正确的，至于怎样找到这个答案，你可以综合书本知识和其他选项，把所有的问题倒过来想想，运用聚合思维，我相信你能解决。"

"什么是聚合思维？"宁宁很好奇地问。

"你可能听过发散思维吧，思维漫无边际地发散后，总是要辐合的，集中有价值的东西，才是真正的创造。从创造性目的来看，是为了寻找客观规律，找到解决问题的最好办法，聚合思维集中了大量事实，提出了一个可能正确的答案（或假设），经过检验、修改、再检验甚至被推翻，再在此基础上集中，提出一个新假设。"

"好吧，虽然我对您的话不是特别理解，但大致也知道该怎么做了。"

……

从宁宁与爸爸的对话中，我们得出一个道理：很多时候，某个问题，看似有很多答案，但只要我们运用聚合思维，经过反复求证，就会发现，

有些问题的答案是唯一的。

的确，聚合思维在筛选新方法，寻找新答案，得出新结论时需有思维的广阔性、深刻性、独立性和批判性等思维品质。思路广泛，善于把握事物各方面的联系和关系，善于全面地思考和分析问题才能选择具有新意的结果。善于深入地钻研和思考问题，善于区分本质与非本质特征，善于抓住事物的主要矛盾，正确认识与揭示事物的运动规律，预测事物的发展趋势，才能寻找出立意深刻的新结论。在众多的范围和可能的设想、方案、方法中筛选出最正确的答案、最佳的解决办法等更需要思维的独立性和批判性。能独立思考问题，探讨事物的本质及其发生发展的规律，在解决问题时不拘于现在的方法，有自己独特的见解和方法的人才能找出新的答案。

当然，最终你需要在众多的答案中作出批判性的取舍，没有思维的批判性，就无法对答案进行评价，区分哪些是合理部分，哪些是不合理部分，以求得唯一正确答案。

收敛思维的与众不同之处

人类的思维发散到了一定程度，就要进行收敛，进行比较和综合，只有这样，你才能找到思维的突破。

前面已经提到了聚合思维，聚合思维又叫收敛思维。通常来说，人们强调的都是在思考的过程中要注意发散思维（求异思维）的运用，求异思维表现为“以一趋多”，求同思维表现为“以多趋一”，就是思维主体把从不同渠道得到的各种信息聚合起来，重新加以组织，使之明确无误地指向一个(或一种)正确的选择。

不得不承认的是，无论是学习还是创造，发散思维是必不可少的。然而，光靠发散思维是不够的，因为一味发散，不知收束，必然导致四面出兵、兵力分散的局面。因此在发散的基础上要有所收束、有所集中，以使作者的思考力集中在一个方向上进行突破，从而使构思得以深化。如秦牧的散文《土地》，尽情发散，引用古今中外许多材料，看起来形散，但是文章以“要珍惜和热爱自己的土地”这一主题，把材料统摄起来，这个神聚就是收敛思维的结果。

从这里，你应该看出收敛思维的与众不同之处了。它具体体现在：

它有三个特点：第一是概括性。平时开会，在大家发言的基础上，总要把议题和意见集中一下，把众多的不同见解加以归纳总结，就是收敛思维的概括性。

第二是程序性。收敛性思维总是在考虑应该怎样解决问题，解决问题的程序是什么，先做什么，后做什么，一步接着一步，能使问题的解决有章可循。

第三是比较性。就是以一个目标为其归宿，即在现有的几种途径、方案和措施中，通过比较，寻找一个较合适的途径、方案和措施，最好的、最合适的则是相对的。

那么，怎样才能学会巧妙地运用收敛思维呢？我们不妨先做下面的训练：

（1）国外有一家烟草公司，试制了一种新型卷烟，命名为“环球牌”，正准备大张旗鼓推出的时候，却逢全国性的反对吸烟运动。“宣传香烟”与“禁烟运动”是截然相反的两回事。为了打响自己的香烟品牌，而又不与当前的戒烟浪潮相冲突，就必须把这矛盾的两件事联系起来，找出其共同点。请你运用收敛思维，拟一条广告，不超过20字。

（2）生命是什么？请用形象化的比喻来说明这个问题，也就是说，把你所理解的生命同一个具体的事物作一番求同类比，注意二者的相似性。

（3）我们的班级怎么样？请用比喻的方式来描述它的特征。

（4）“大排·豆腐·学习”是一篇作文的题目，试找出它们三者之间的内在联系，用简洁的文字加以表述。

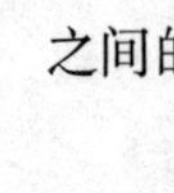

参考答案或提示

（1）禁止吸烟，连环球牌也不例外。

（2）生命如同烹调菜肴一样，菜肴的味道完全取决于调料和你的烹调技巧，你可以按照固定不变的食谱来烹调，也不妨由你自己随意发挥。或，生命如同一串散乱的念珠，随便你怎么串连组合，都能够变得五光十色。或，生命如同一只顽皮的卷毛狗，不断地在充满防火栓的街道上寻寻觅觅。或，生命是一座你不想找到出口的迷宫。

（3）我们班级就像古代一艘木船，有的人用尽全力划桨，有的人则三心二意划桨，还有些人袖手旁观，根本不划船，不少人随时准备跳水游到别的船上去。我们的船长则是根据船后面的航迹来掌握方向。

（4）大排豆腐对人体都有营养，不可偏废。学生的学习也不可偏科，而是应全面扎实地打好学习基础。

的确，发散思维和收敛性思维各有其优缺点，在思维过程中它们是相辅相成、互相补充的。如果只有思维的发散过程，而无收敛过程，尽管可以爆发出许多思维创造的闪光、智慧的火花，但由于不能统一起来，不能形成集中的思维力量，会使思维失去控制而陷入无序状态，发散无边，就成了幻想、空想、乱想。实际上，人的思维发散到一定程度，就要收敛一下，进行比较，寻找较好的解决问题的方案，然后在新的基础上再进行发散，进而在更高的层次上再收敛。

总而言之，我们能总结出收敛思维的与众不同之处：在思维过程中，如果发散不以收敛为前提，思维就不会获得成果。

辏合显同法：寻找共同规律

辏合显同法就是把所有感知到的对象依据一定的标准“聚合”起来，显示它们的共性和本质。

我们都知道，收敛思维就是集中思维法，它能帮助我们归纳出事物的某一属性。对于学习阶段的青少年朋友来说，收敛性思维能帮助你在解题过程中，尽可能利用已有的知识和经验，把众多的信息逐步引导到条理化的逻辑程序中去，以便得到一个合乎逻辑规范的结论。收敛性思维包括分析、综合、归纳、演绎、科学抽象等逻辑思维和理论思维形式。

因此，我们不难得出聚合思维的一个方法——辏合显同法：寻找共同规律。所谓辏合显同法，就是把所有感知到的对象依据一定的标准“聚合”起来，显示它们的共性和本质。

我国明朝时候，江苏北部曾经出现了可怕的蝗虫，飞蝗一到，整片整片的庄稼被吃掉，农民颗粒无收……徐光启看到人民的疾苦，想到国家的危亡，毅然决定去研究治蝗之策。他搜集了自战国以来两千多年有关蝗灾情况的资料。

在这浩如烟海的资料中，他注意到蝗灾发生的时间，151 次蝗灾中，发生在农历四月的 19 次，发生在五月的 12 次，发生在六月的 31 次；发生在七月的 20 次，发生在八月的 12 次，其他月份总共有 9 次。从而他确定了蝗灾发生的时间，大多在夏季炎热时期，以六月最多。另外，他从史料中发现，蝗灾大多发生在河北南部，山东西部，河南东部，安徽、江苏两省北部。为什么多集中于这些地区呢？经过研究，他发现蝗灾与这些地区湖沼分布较多有关。他把自己的研究成果向百姓宣传，并且向皇帝呈递了《除蝗疏》。徐光启在写《除蝗疏》整个思维过程中，运用的思考方法就是我们讲的“辏合显同法”。

其实，我们不难发现，辏合显同法和数学中的不完全归纳法有异

曲同工之妙。因此，青少年朋友们，在学习数学的过程中，你的聚合思维能力一定会有所提高。

例如，求多边形内角和的公式时，先通过求四边形、五边形、六边形的内角和去寻找规律。从每个多边形的一个顶点引出所有的对角线，这样，四边形被分成 2 个三角形，五边形被分成 3 个三角形，六边形被分成 4 个三角形。由此可以发现，所分得的三角形的个数总比它的边数少 2。而每个三角形的内角和是 180°，因此，归纳出 n 边形的内角和为(n–2)× 180°。这种归纳法是以一定数量的事实为基础，进行分析研究，找出规律。

但是，由于这种方法法是以有限数量的事实作为基础而得出的一般性结论，这样作出的结论有时可能不正确。

虽然这种方法的结论不一定正确，但它仍是一种重要的推理方法。

当然，由于铸合显同法只考察整体的部分对象是否具有某种属性以后，就给出整体是否具有某种属性的结论，所以这个过程并不严谨，得到的结论也并非一定正确。但我们可以运用一些有效的策略，让它尽量做到完全，让得出的结论不至于经不起推敲，确保其具有正确性，同时促进你的归纳推理能力的提升。

目标识别法：根据目标进行分析和判断

所谓目标识别法，指的是确定搜寻目标（注意目标），进行认真的观察，作出判断，找出其中的关键，围绕目标定向思维，目标的确定越具体越有效。

生活中，通常来说，我们遇到的大量问题都比较明确，很容易找到问题的关键，只要采用适当的方法，问题便能迎刃而解。但有时，一个问题并不是非常明确，很容易产生似是而非的感觉，把人们引入歧途。这个方法要求我们首先要正确地确定搜寻的目标，进行认真的观察并作出判断，找出其中关键的现象，围绕目标进行收敛思维。这就是目标识别法。

第一次世界大战期间，法国和德国交战时，法军的一个旅司令部在前线构筑了一座极其隐蔽的地下指挥部。指挥部的人员深居简出，十分诡秘。不幸的是，他们只注意了人员的隐蔽，而忽略了长官养的一只小猫。德军的侦察人员在观察战场时发现：每天早上八九点钟左右，都有一只小猫在法军阵地后方的一座土包上晒太阳。德军依此判断：

A．这只猫不是野猫，野猫白天不出来，更不会在炮火隆隆的阵地上出没；

B．猫的栖身处就在土包附近，很可能是一个地下指挥部，因为周围没有人家；

C．根据仔细观察，这只猫是相当名贵的波斯品种，在打仗时还有兴趣玩这种猫的绝不会是普通的下级军官。

据此，他们判定那个掩蔽部一定是法军的高级指挥所。随后，德军集中六个炮兵营的火力，对那里实施猛烈袭击。事实证明，他们的判断完全正确，这个法军地下指挥所的人员全部阵亡。

这里，德军之所以在此次战役中获得胜利，就是因为他们巧妙地运用了目标识别法——根据法军阵营的一只猫的行踪发现了法军的高级指挥所。

青少年朋友们，可能你常常会遇到选择目标的情况，例如，在某次学校组织的活动中，你急需上交一篇计算机打字稿，恰巧学校文印部的打字员又不在，你们可能就用两个手指非常不规范地打出来上交了。可能和你一起参加此次活动的人会指责你说：你的打字水平太低，太不规范，而且速度慢，应该先去打字班训练。

这里就有目标的问题，前者是为了及时交上打字稿件，不是为了学习打字，而后者则是学习了规范打字，可以提高打字的速度和质量。显然，目标不同，处理问题的方法也会不同。

当然，运用目标识别法思考问题，需要你根据两个步骤来完成思

考过程：

1. 定位目标

当然，运用这种思维方法思考问题，需要我们将目标定位准确，目标的确定越具体越有效，不要确定那些各方面条件尚不具备的目标，这就要求人们对主客观条件有一个全面、正确、清醒的估计和认识。目标也可以分为近期的、远期的、大的、小的。开始运用时，可以先选小的、近期的，熟练后再逐渐扩大。

2. 对目标进行分析和判断

案例中的德军在看到这只名贵的波斯猫以后进行的一番分析和判断是正确的，正因为如此，他们巧妙地攻破了法军的高级指挥所。

因此，我们可以发现，能不能巧妙地运用这种方法解决问题，定位目标只是初级的一步，最重要的还是要考验你的分析和判断能力。

在日常生活和学习中，你若希望运用目标识别法解决难题，需要你具备敏锐的观察力和洞察力以及缜密的分析和判断能力。

层层剥笋法：分析综合已有目标

任何现象的产生都是有一定原因的，根据现象目标进行层层剥笋、寻根溯源，我们就能找到事物的本质。

生活中，我们在思考问题时，所看到的往往是事情的表面，然而，要找到事情的本质，我们就必须根据表象层层分析，向问题的核心一步一步地逼近，摒弃那些非本质的、繁杂的特征，以便揭示出事物表象内的深层本质。

这就是聚合思维中的层层剥笋法。青少年朋友在运用这一方法思考问题时，需要具备一定的分析综合能力。我们先来看下面一个故事：

1940年11月16日，纽约爱迪生公司大楼一个窗沿上发现一个土炸弹，并附有署名F.P的纸条，上面写着：爱迪生公司的骗子们，这是给你们的炸弹！这种威胁活动越来越频繁，越来越猖狂。1955年竟然放上了52颗炸弹，并炸响了32颗。对此报界连篇报道，并惊呼此行动的恶劣，要求警方给予侦破。纽约市警方在16年中煞费苦心，但所获甚微。所幸还保留几张字迹清秀的威胁信，字母都是大写。其中，F.P写道：我正为自己的病怨恨爱迪生公司，要使他后悔自己的卑鄙罪行。为此，不惜将炸弹放进剧院和公司的大楼，等等。警方请来了犯罪心理学家布鲁塞尔博士。博士依据心理学常识，应用层层剥笋的思维技巧，在警方掌握材料的基础上作了如下的分析推理：

（1）制造和放置炸弹的大多是男人。

（2）他怀疑爱迪生公司害他生病，属于偏执狂病人。这种病人一过35岁病情就加速加重。所以1940年时他刚过35岁，现在他应是50出头。

（3）偏执狂总是归罪他人。因此，爱迪生公司可能曾对他处理不当，使他难以接受。

（4）字迹清秀表明他受过中等教育。

（5）约85%的偏执狂有运动员体型，所以F.P可能胖瘦适度，体格匀称。

（6）字迹清秀、纸条干净表明他工作认真，是一名兢兢业业的模范职工。

（7）他用“卑鄙罪行”一词过于认真，爱迪生也用全称，不像美国人所为。故他可能在外国人居住区。

（8）他在爱迪生公司之外也乱放炸弹，显然有F.P自己也不知道的理由存在，这表明他有心理创伤，形成了反权威情绪，乱放炸弹就是在反抗社会权威。

（9）他常年持续不断乱放炸弹，证明他一直独身，没有人用友谊或爱情来愈合其心理创伤。

（10）他虽无友谊，却重体面，一定是一个衣冠楚楚的人。

（11）为了制造炸弹，他宁愿独居而不住公寓，以便隐藏和不妨碍邻居。

（12）地中海各国用绳索勒杀别人，北欧诸国爱用匕首，斯拉夫国家恐怖分子爱用炸弹。所以，他可能是斯拉夫后裔。

（13）斯拉夫人多信天主教，他必然定时上教堂。

（14）他的恐吓信多发自纽约和韦斯特切斯特。在这两个地区中，斯拉夫人最集中的居住区是布里奇波特，他很可能住那里。

（15）持续多年强调自己有病，必是慢性病。但癌症活不过16年，恐怕是肺病或心脏病，肺病现代容易治愈，所以他是心脏病患者。

根据这种层层剥笋式的方式，博士最后得出结论：警方抓他时，他一定会穿着当时正流行的双排扣上衣，并将纽扣扣得整整齐齐。而且，博士建议警方将上述15个可能性公诸报端。F.P重视读报，又不肯承认自己的弱点。他一定会做出反应以表现他的高明，从而自己主动提供线索。果不其然，1956年圣诞节前夕，各报刊载这15个可能性后，F.P从韦斯特切斯特又寄信给警方："报纸拜读，我非笨蛋，绝不会上当自首，你们不如将爱迪生公司送上法庭为好。"依循有关线索，警方立即查询了爱迪生公司人事档案，发现在20世纪30年代的档案中，有一个电机保养工叫乔治梅特斯基因公烧伤，曾上书公司诉说染上肺结核，要求领取终身残废津贴，但被公司拒绝。数月后离职。此人为波兰裔，当时(1956)为56岁，家住布里奇波特，父母早亡，与其姐同住一个独院。他身高1.75米，体重74公斤。平时对人彬彬有礼。1957年1月22日，警方去他家调查，发现了制造炸弹的工作间，于是逮捕了他。当时他果然身着双排扣西服，而且整整齐齐地扣着扣子。

看完这个故事，青少年朋友，你是否为这位心理学专家的分析综合能力所折服？这里，他运用的就是层层剥笋法——根据罪犯写的恐吓信中的一些蛛丝马迹，层层分析，最终总结出这名罪犯的特征，将他一举抓获。

当然，对于你来说，要想获得这种分析综合能力，还需要你不断积累自己的知识储备和"实战经验"，在日常生活中凡事要多思、多想。

第9章 逻辑思维——在学习中有条理地解决难题

我们都知道，逻辑思维是思维的一种高级形式，只有经过逻辑思维，人们才能达到对具体对象本质规律的把握，进而认识客观世界。它是人的认识的高级阶段，即理性认识阶段。所以，提高自己的逻辑思维能力，对生活和学习有很大的帮助。我们应该在日常生活和学习中有意识地训练自己的逻辑思维能力。

妙用逻辑思维，找到事实真相

事实的真相往往都不会直接展示给人们，要想找到事实真相，就必须学会运用逻辑思维进行判断和推理。

日常生活中，我们接触到事物的第一器官通常是眼睛，人们常说“耳听为虚，眼见为实”，但事实上，肉眼看到的也并非事实的全部，真相往往藏在表象之后，而要想找到事实的真相，还需要我们运用逻辑思维。那么，什么是逻辑思维呢？

逻辑思维，又叫理论思维，它是人们在认识过程中借助于概念、判断、推理等思维形式能动地反映客观现实的理性认识过程。它是作为对认识着的思维及其结构以及起作用的规律的分析而产生和发展起来的。它还是人的认识的高级阶段，即理性认识阶段。

逻辑思维，是思维的一种高级形式，是指符合某种人为制定的思维规则和思维形式的思维方式，我们所说的逻辑思维主要是指遵循传统形式逻辑规则的思维方式。常称它为“抽象思维”或“闭上眼睛的思维”。逻辑思维是一种确定的，而不是模棱两可的；前后一贯的，而不是自相矛盾的；有条理、有根据的思维。在逻辑思维中，要用到概念、判断、推理等思维形式和比较、分析、综合、抽象、概括等方法，而掌握和运用这些思维形式和方法的程度，也就是逻辑思维的能力。

在日常的生活和学习中，你要养成凡事不要看表象的习惯，有问题时就要产生寻根溯源的欲望，然后巧用逻辑思维找到答案。关于这一点，一千多年前的伽利略就给我们树立了榜样。

在伽利略之前，古希腊的亚里士多德认为，物体下落的快慢是不一样的。它的下落速度和它的重量成正比，物体越重，下落的速度越快。比如说，10千克重的物体，下落的速度要比1千克重的物体快10倍。

一千多年以来，人们一直把这个违背自然规律的学说当成不可怀疑的真理。年轻的伽利略根据自己的经验推理，大胆地对亚里士多德的学说提出了疑问。经过深思熟虑，他决定亲自动手做一次实验。他选择了比萨斜塔作为实验场。

这一天，他带了两个大小一样但重量不等的铁球，一个重100磅，是实心的；另一个重1磅，是空心的。伽利略站在比萨斜塔上面，望着塔下。塔下面站满了前来观看的人，大家议论纷纷。有人讽刺说：“这个小伙子的神经一定是有病了！亚里士多德的理论不会有错的！”实验开始了，伽利略两手各拿一个铁球，大声喊道：“下面的人们，你们看清楚，铁球就要落下去了。”说完，他把两手同时张开。人们看到，两个铁球平行下落，几乎同时落到了地面上。所有人都目瞪口呆了。

伽利略的试验，揭开了落体运动的秘密，推翻了亚里士多德的学说。这个实验在物理学的发展史上具有划时代的意义。

从表面上看，重的铁球应该最先着地，但实际上，伽利略向所有人证实了事实并非如此。

很多时候，事物的表象往往具有迷惑作用，要想拨开迷雾，你就要善于运用逻辑思维。因为思维既不同于以动作为支柱的动作思维，也不同于以表象为凭借的形象思维，它已摆脱了对感性材料的依赖。

演绎推理法：由此及彼找到答案

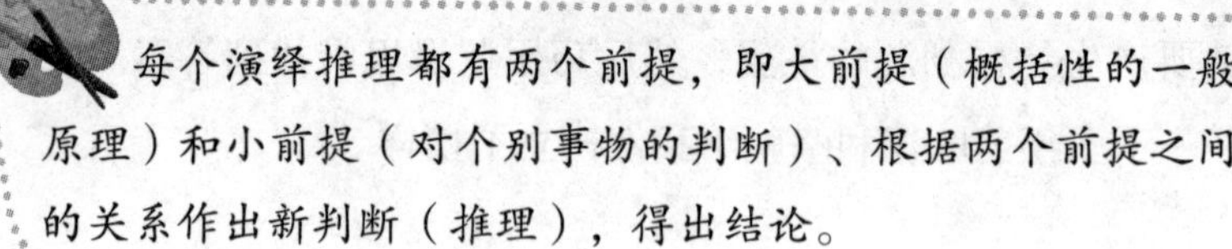

每个演绎推理都有两个前提，即大前提（概括性的一般原理）和小前提（对个别事物的判断）、根据两个前提之间的关系作出新判断（推理），得出结论。

逻辑思维的形式有很多种，其中有种方法叫演绎推理法，“演绎推理”还可以定义为结论在普遍性上不大于前提的推理，或“结论在确定性上，同前提一样”的推理。从一般规律出发，运用逻辑证明或数学运算，得出特殊事实应遵循的规律，即从一般到特殊。归纳推理就是从许多个别的事物中概括出一般性概念、原则或结论，即从特殊到一般。它是由普遍性的前提推出特殊性结论和推理。

要了解演绎推理法，你还需要了解演绎推理法的两种形式：

（1）肯定式——由肯定前件而肯定后件。

（2）否定式——由否定后件而否定前件。

选言推理。这是以一个选言判断和一个直言判断作为前提的一种演绎推理，主要有相容和不相容两种选言形式。只要选择可靠的原理、定理、公理为前提，经过正确演绎推理，就可得出新的命题。如爱因斯坦的《论运动物体的电动力学》第一系列论文，就是从相对论和光速不变原理出发，运用演绎方法建立了他的狭义相对论。我们再来看下面一个故事：

莎士比亚在《威尼斯商人》中，写富家少女鲍细娅品貌双全，贵族子弟、王孙公子纷纷向她求婚。鲍细娅按照其父遗嘱，由求婚者猜盒定婚。鲍细娅有金、银、铅三个盒子，分别刻有三句话，其中只有一个盒子放有鲍细娅肖像。求婚者通过这三句话，谁猜中鲍细娅的肖像放在哪只盒子里，就嫁给谁。三个盒子里刻的三句话分别是：

（1）金盒子："肖像不在此盒中。"

（2）银盒子："肖像在铅盒中。"

（3）铅盒子："肖像不在此盒中。"

鲍细娅告诉求婚者，上述三句话中，最多有一句是真的。如果你是一位求婚者，如何尽快猜中鲍细娅的肖像究竟放在哪一只盒子里呢？

A. 金盒子。

B. 银盒子。

C. 铅盒子。

D. 要么金盒子要么银盒子。

C. 不能确定。

答案到底是什么呢？现在，我们来假设一下：

假设 1 对，则 2 说在铅盒的则为假。真实的意思为在金、银盒，而 3 应为假话，则真正的意思是说在铅盒和 2 矛盾。

假设 2 对，则 1 说的话为假，真实的意思是说肖像在金盒，而 2 说的话为真，为肖像在铅盒和 1 讲的矛盾。

假设 3 对，则 1 说的话为假，真实的意思是说肖像在金盒，2 说的话也为假，则真正的意思是说肖像在金盒或银盒，铅盒说的话为真的是说肖像在金盒或银盒。

因此，我们不难得出，只有 3 的说法是正确的，鲍姆娅的肖像在金盒里。

这是一个矛盾关系的推理。矛盾关系是指两个语句或命题之间不能同真（必有一假），也不能同假（必有一真）。不能同真，就是说当其中一个命题真时，另一个命题必假；不能同假，就是说当其中一个命题假时，另一个命题必真。

根据直言命题之间的矛盾关系必有一真，必有一假，我们可以求

解一些问题。当然，我们在求解问题的时候，还可以通过数学公式来演绎。例如：

最近南方某保健医院进行为期10周的减肥试验，参加者平均减肥9公斤。男性参加者平均减肥13公斤，女性参加者平均减肥7公斤。医生将男女减肥差异归结为男性参加者减肥前体重比女性参加者重。

从上文可推出以下哪个结论？

A. 女性参加者减肥前体重都比男性参加者轻。

B. 所有参加者体重均下降。

C. 女性参加者比男性参加者多。

D. 男性参加者比女性参加者多。

E. 男性参加者减肥后体重都比女性参加者轻。

解析：设男性参加减肥人数为x，女性参加减肥人数为y。则有：

$$9(x+y)=13x+7y$$

所以，

$$y=2x$$

显然，女性参加减肥人数多于男性。正确答案是C。

总之，演绎推理的方法有很多种，青少年朋友在运用这一方法解决问题的时候，要对具体问题采取不同的方式。

回溯推理法——教你由“果”推“因”

回溯推理思维方法最主要的特征就是因果性，在通常情况下，由事物变化的原因可知其结果；在相反的情况下，知道了事物变化的结果，又可以推断导致结果的原因。

我们都知道，事物之间是存在因果联系的，研究事物现象间的因果联系，是进行科学归纳推理的必要条件。那么，我们首先应该弄清楚什么是因果联系？如果某个现象的存在必然引起另一个现象发生，

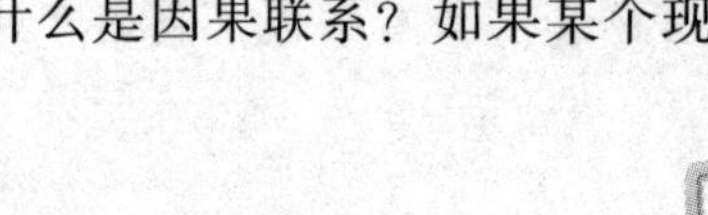

那么这两个现象之间就具有因果联系。其中，引起某一现象产生的现象叫做原因，而被某一现象引起的现象叫做结果。

因果联系有以下特点：

1. 原因和结果在时间上是前后相继的

原因在前，结果在后。前后相继是因果联系的一个特征，但不能只根据两个现象在时间上前后相继，就得出它们具有因果联系的结论，如果这样，就要犯“以先后为因果”的逻辑错误。例如，不能以冬天发生在春天的前面，就说冬天是春天的原因。

2. 因果联系是确定的

因果联系在一定范围内是确定的。原因就是原因，结果就是结果，不能倒因为果，也不能倒果为因，否则就会出现“因果倒置”的逻辑错误。例如，“发达国家都拥有大量的私人轿车，为了缩短与发达国家的差距，我国也应该大量发展私人轿车”这一论述就犯了“因果倒置”的逻辑错误。

在弄清楚什么是因果联系之后，我们需要着重弄清楚如何探求事物现象间的因果联系？

这里，如果你希望得到事物的原因，你就可以选用回溯推理法——由“果”推“因”。由果及因，一叶落而知天下秋，回溯推理法又被称为溯源推因法，有广义和狭义两种理解。广义的是根据事物发展过程所造成的结果。推断形成结果的一系列原因的整个逻辑思维过程；而狭义的则是指从事物的结果推断其原因的一种思维方法。简而言之，回溯推理思维方法就是从事物的“果”倒回到事物的“因”的一种方法。这种思维方法的应用极其广泛，尤其是在案件的侦查工作上。在实际思维中，要结合运用其他思维方法、观察方法、实验方法，经过正确的推导才能成功。

事实上，从上面的定义中，我们可以看到：事物的因果是相互依存的，同时也是辩证的。

例如，在20世纪初，非洲流行一种可怕的昏睡病，许多当地人患了这种疾病以后，就陷入无休止的睡眠当中直到死去。在这里，死是结果，而昏睡病是导致死亡的原因。

为了治疗这种疾病，有人给患者服用一种叫做阿托品的化学药品，虽然将导致昏睡病的锥虫杀死了，但患者病愈后却常常伴有双目失明的痛苦。从因果关系上看，杀死锥虫和失明都是“果”，而“因”是服用阿托品所致，可以说这个是一因二果。面对这样的结果，德国细菌学家埃尔立西设想：能不能把“阿托品”的化学结构改变一下，使一因二果变成一因一果，即只是杀死锥虫而不至于损害患者的视觉神经？埃尔立西经过无数次的试验，终于和日本学者秦左八郎一起发明了砷制剂“606”，成为治疗昏睡病的有效药物，为化学疗法的发展做出了重要的贡献。

回溯推理在逻辑结构上包括以下要素：

（1）观察到的待解释的现象。

（2）导致观察现象的可能的原因作为结论。

（3）结论蕴含观察到的现象是一般规律或常识。

如果用P表示观察到的现象，用C表示回溯推理中推测的导致现象的原因，那么，回溯推理可以用下列公式表示：

P已知的现象；

C→P推理者已知的一般性知识；

C该已知现象的原因或条件。

当然，要掌握这一逻辑思维方法，就会考验你的逻辑推理能力，对此,你可以通过某些方式来进行自我训练。例如,多读一些侦探小说、武侠小说，就有利于回溯推理思维能力的提高。英国著名作家阿·柯南道尔著的《福尔摩斯探案全集》，就是一部十分精彩的侦探小说，可以说是一部回溯推理的好教材，不妨认真一读。

故事中的福尔摩斯之所以能出奇制胜，原因就在于他掌握了回溯推理这种行之有效的思维方法。

归纳推理法：助你形成大局观

归纳推理，是指从个别性的前提出发，通过感官的观察和经验的推理，得出一个具有或然性的一般结论的过程，从整个认识范围来看。

在前面的章节中，我们已经提及不完全归纳推理。其实，它属于逻辑思维的一种形式——归纳推理法。所谓归纳推理，指的是以个别性知识为前提而推出一般性知识为结论的推理。根据前提中是否考察了一类事物的全部对象，可以将归纳推理分成完全归纳推理和不完全归纳推理。完全归纳推理是根据某类事物中每一对象都具有某种属性，推出该类事物对象都具有某种属性的推理。不完全归纳推理是根据一类事物中的部分对象具有某种属性，推出该类事物对象都具有某种属性的推理。下面我们就这两种归纳推理的形式进行介绍：

1. 完全归纳推理

完全归纳推理是根据某类事物每一对象都具有某种属性，从而推出该类事物都具有该种属性的结论。它的特点是：在前提中考察了一类事物的全部对象，结论没有超出前提所断定的知识范围。因此，其前提和结论之间的联系是必然的，完全归纳推理通常适用于数量不多的事物。当所要考察的事物数量极多，甚至是无限的时候，完全归纳推理就不适用了，而需要运用另一种归纳推理形式，即不完全归纳推理。

2. 不完全归纳推理

不完全归纳推理是根据某类事物部分对象都具有某种属性，从而推出该类事物都具有该种属性的结论，其包括简单列举归纳推理、科学归纳推理。

（1）简单列举归纳推理，在一类事物中，根据已观察到的部分对象都具有某种属性，并且没有遇到任何反例，从而推出该类事物都具有该种属性的结论。要提高简单列举归纳推理的可靠性，必须注意以下两条要求：

① 列举的数量要足够多，考察的范围要足够广。

② 考察有无反例，通常把不注意以上两条要求因而样本过少，结论明显为假的简单枚举归纳推理称为“以偏赅全”或“轻率概括”。

（2）科学归纳推理是根据某类事物中部分对象与某种属性间因果联系的分析，推出该类事物具有该种属性的推理，它倡导一种面对知识和结论不轻信而加以思考的习惯，这种习惯在资讯发达的时代尤显重要，想想我们的媒体经常给我们传播一些多么自相矛盾的“科学知识”，这一点就不难明白了。

科学归纳推理与简单列举归纳推理相比，有共同点和不同点。

它们的共同点是：都属于不完全归纳推理，前提中都只考察了一类事物的部分对象，结论则都是对一类事物全体的断定，断定的知识范围超出前提。

不同点是：

① 推理根据不同，简单列举归纳推理仅仅根据已观察到的部分对象都具有某种属性，并且没有遇到任何反例，科学归纳推理则不是停留在对事物的经验的重复上，而是深入进行科学分析，在把握对象与属性之间因果联系的基础上作出结论。

② 前提数量对于两者的意义不同，对于简单列举归纳推理来说，前提中考察的对象数量越多，范围越广，结论就越可靠。

对于科学归纳推理来说，前提的数量不具有决定性意义，只要充分认识对象与属性之间的因果联系，即使前提的数量不多，甚至只有一两个典型事例，也能得到可靠结论。

逻辑思维训练方法

逻辑思维能力是一个人智力活动能力的核心，也是智力结构的核心，因而逻辑思维能力是青少年成长成才最重要的智力因素之一。

我们都知道，人的逻辑思维发展的总趋势是：从具体形象思维到抽象思维，即由动作思维发展到形象思维，再依次发展到抽象逻辑思维。因此，每位青少年朋友都应该在生活中有意识地培养自己的逻辑思维能力。

但是，一说到培养这方面的能力，我们会发现，有很多理论性的知识文章，但它们未免过于理论化，使许多人陷入了理论形态的逻辑，看而不懂，思而不解，学而无趣。结果，学了一通，根本就不了解自己的能力是否得到了提高。

逻辑思维能力的提高，从理论上去认识，固然重要，但要想真正运用于实际，还是要靠平时在生活和学习中一点一滴的积累。

第一，要培养精读、速读文章和要学科目及教材的能力，能将所阅读文章，很快归纳出要点和难点。也就是说，通过迅速提取和认定有效信息，进行归纳、推理、判断，从而加深对所看文章和科目的理解。通过这种训练，不仅能提高学习的能力，同时，对我们看问题和解决问题，提高归纳推理能力、很快找出问题的重点、难点都非常有益。经过一个时期的有意训练，你会发现，你的判断正误的能力大大提高了，实际上，这就是你的逻辑思维能力提高了。

第二，由于我们日常生活和学习中所发生的事情都有其连续性的特点，这就需要加强自己的因果联想能力。从心理学的观点来看，某些联系永远是记忆活动的基础，生活中许多概括的认识都是经过这一过程一点点积累、归纳、推理而得出的。也就是说，每当我们需要了解和解决某件事时，都去认真分析其因果关系，一次又一次，你会发现，你的解决问题的能力有了很大提高。

第三，对周围事物的关心和思考也可以锻炼思维。如下雨了，那么这时你有很多事物可以发现，也许你会说，有什么可以想的，下雨的原理早就知道了，但假如你从物理和化学的角度来想的话你会发现很多问题，特别是从能量的角度来思考。

第四，多看看侦探题材的书籍、电影、动漫等。

侦探题材的书籍、电影中，主人公的逻辑推理能力是很强的。这方面的书籍有《福尔摩斯探案全集》共三册。《卫斯理》小说集，全套有十几册。

影片有：《大侦探福尔摩斯》、《洛城机密》、《七宗罪》、《完美逃亡》、《致命 ID》、《非常嫌疑犯》、《战栗空间》、《玩命记忆》、《黑暗侵袭》等。

动漫有：《名侦探柯南》，这是入门级别的动漫，除了这部外，还有《木偶师左近》、《推理之绊》、《魔侦探洛基》、《魔人侦探食脑奈罗 》、《美型侦探》、《水晶之焰》、《奇幻贵公子》、《G 型侦探》、《叔比狗》、《神探加杰特》等。

培养逻辑思维能力不仅要多看书、多留心观察周围事物，还有最重要的一点就是要从小处发现细微，多思考勤动脑，古人说抽丝剥茧、顺藤摸瓜就是这个道理。当你对所有事物一清二楚的时候你的逻辑能力也就提高了。

第 9 章 质疑思维——成长从“怀疑一切”开始

当今社会，任何人都必须树立主动学习和终生学习的理念，而不是被动地接受知识，这就要求每一个青少年朋友在学习的过程中有质疑思维，善于质疑、勤于发问，这样，你才能将知识融会贯通，形成自己的知识系统，受益终生。

凡事多问为什么

提出问题比解决问题更重要。我们首先要怀疑，才能够提出问题，在提出问题的基础上，才能够解决问题，才能够发现新的问题。

古人云：“学贵多疑，小疑则小进，大疑则大进。”为了创造，就必须对前人的想法和做法加以怀疑，这样才能发现前人的不足之处，才能提出自己新的想法和做法。当我们能够提出自己的疑问时，就说明我们对这件事情有了独立思考。

在生活实践中，青少年朋友大多有强烈的求知欲。但由于涉世未深，加之时间、文化水平、实践经验等各种条件的限制，所获知识往往真假参半，如果不加甄别地全盘相信，人云亦云，盲目付诸实践，就可能做错事。鲁迅先生说过，老年人常常怀疑许多真的东西，青年人往往相信许多假的东西。这就需要我们遇事认真思考，多问几个为什么，杜绝盲从态度，坚持去伪存真，在努力求真中弘扬科学精神。

所谓质疑思维，就是对已有观点不盲目迷信而提出疑问的思维方式，它通过比较、挑剔、批判等手段，对想什么、怎么想和做什么、怎么做，作出合理的决断。不疑不决，不破不立，质疑是思维创新的前提。

可以说，质疑思维是许多新事物、新观念产生的开端，也是创造性思维最基本的方法之一。

陶弘景是我国南北朝时一位伟大的科学家，一生有许多骄人的创造与独到的发明，其中关于蜾蠃秘密的揭示，解开了长期误传的谜团。

自然界，有一种细腰蜂名叫蜾蠃，传说它只是雄性，其后代是从菜地里偷来的一种名叫螟蛉的幼虫，经过自己精心抚养而成。从《诗经》开始，人们一直用“螟蛉”来形容假子、义子。陶弘景为了弄清真假，在查书无果的情况下，亲自去中探个究竟。他找到了一窝蜾蠃，用竹签细心挑开它们的窝，看到里面不但有衔来的螟蛉，还有几条小肉虫，同时发现蜾蠃也是雄雌成对的并进并出。第二天陶弘景又去观察，发现一条小肉虫将一条螟蛉已吃了一半。两天后再去看，窝里的螟蛉已被吃完，肉虫都变成了蛹。不久，蛹化成蜾蠃飞了。陶弘景恍然大悟：原来蜾蠃有自己的后代，螟蛉不过是被衔来给幼虫当粮食罢了。他感慨地说：“人贵自立。不管什么事情，不能人家怎么说就怎么信。最好亲自观察，认真弄清事情的真伪，绝不能人云亦云，要打破沙锅问到底。”

陶弘景这种不唯书、不泥古、只求真的可贵品格，是科学精神的精髓。

因此，青少年朋友们，在日常生活和学习中，遇到不懂的问题，要多问自己或他人为什么，秉持这种怀疑批判的精神，你才能去伪存真，才能真实获取知识。

不懂就要问，才能获得进步

现代教育提倡尊重学生对学问有质疑精神，反对“填鸭”和“满堂灌”，对于青少年朋友来说，在遇到不懂的问题时，也应该主动询问，而不是被动地等待老师把知识“喂”给你。

生活中，我们不难发现一个现象，两个年龄相仿的孩子，学习相同的内容，学习成绩好的一定是那个主动学习、主动发问的孩子，他的自主学习能力较强，不需要家长和老师的督促。相反，学习成绩差的，一定是那个处处需要老师和家长指引和督促的孩子。事实上，学习效果与自主能力是成正比的。的确，任何一个人的才能，都不是凭空获得的，懂得主动求学、主动询问的人，才能不断获得进步。

因此，在学习的过程中，你一定要养成不懂就要问的习惯，这样，才能训练出自己的质疑思维能力，最终获得进步。这一点，先师孔子和中国革命的先行者孙中山先生都为我们树立了榜样。

孔子一直被中华儿女尊称为“孔圣人”，他有弟子三千，并有《论语》传世。尽管孔子是个学识渊博的人，但他却一直很好学，并且常常“不耻下问”。

一次，孔子和弟子们去太庙祭祖。一进太庙，孔子就产生了很多疑问，于是，他就问这问那。

有人笑道：“孔子学问出众，为什么还要问？”

孔子听后说：“每事必问，有什么不好？”

他的弟子问他：“孔圉死后，为什么叫他孔文子？”

孔子道：“聪明好学，不耻下问，才配叫‘文’。”

弟子们想：“老师常向别人求教，也并不以为耻辱呀！”

这就是孔子“不耻下问”的故事，一个学问如此渊博的人都谦逊于人，何况我们呢？

孙中山小时侯在私塾读书。那时侯上课，先生念，学生跟着念，咿咿呀呀，像唱歌一样。学生读熟了，先生就让他们一个一个地背诵。至于书里的意思，先生从来不讲。

一天，孙中山来到学校，照例把书放到先生面前，流利地背出昨天所学的功课。先生听了，连连点头。接着，先生在孙中山的书上又圈了一段。他念一句，叫孙中山念一句。孙中山会读了，就回到座位上练习背诵。孙中山读了几遍，就背下来了。可是，书里说的是什么意思，他一点儿也不懂。孙中山想，这样糊里糊涂地背，有什么用呢？于是，他壮着胆子站起来，问："先生，您刚才让我背的这段书是什么意思？请您给我讲讲吧！"

这一问，把正在摇头晃脑高声念书的同学们吓呆了，课堂里顿时鸦雀无声。

先生拿着戒尺，走到孙中山跟前，厉声问道："你会背了吗？"

"会背了。"孙中山说着，就把那段书一字不漏地背了出来。

先生收起戒尺，摆摆手让孙中山坐下，说："我原想，书中的道理，你们长大了自然会知道的。现在既然你们想听，我就讲讲吧！"

先生讲得很详细，大家听得很认真。

后来，有个同学问孙中山："你向先生提出问题，不怕挨打吗？"

孙中山笑了笑，说："学问学问，不懂就要问。为了弄清楚道理，就是挨打也值得。"

青少年朋友们，你们也应该像孔子和孙中山一样，"为了学知识，不懂就要问"，然而，我们不得不承认的是，中国的中学多半采取的是填鸭式的教育，而学生们也习惯了依赖，所以，从现在起，遇到不懂的问题，不要马虎了事了，多问问他人吧。

如果你能养成凡事质疑的习惯，那么，你不仅能提高自己的学习效率，还有助于离校后继续成长、成才。

敢于向权威挑战

古人云："学贵质疑，小疑则小进，大疑则大进。"质疑，是青少年学生自主探究的起点，也体现一个人自主发展的标志。一个人只有具备犀利的目光，才能察觉出他人所不能察觉的问题，也才能发出自己的声音，才能不为传统所束缚，有所创新。

我们知道，当今社会是一个创新型社会，只有那些有想法的人才会受到重视，他们的发展潜能才更大，我们甚至可以说，一个人的想法是与其命运有着极为密切的关系的。因为人的想法是大脑的活动，人的行为受其支配。任何一个青少年，都要有自己的想法，并且敢于向权威挑战。

曾经有这样一则报道：

有一名六年级的小学生，他对蜜蜂进行了长时间的跟踪观察，并发现，蜜蜂并不像科学家们所说的那样是用翅膀发音的，而是在翅膀的根部有一个发音器官。于是，他带着怀疑的态度，将自己的想法写成了论文，因而，他获得了第18届全国青少年创新大赛优秀科技项目创新银奖和高士其科普专项奖。

这就是一个善于观察并敢于怀疑的青少年。事实上，每个人都有自己的独立思想，对事物有着自己的看法。青少年朋友也要和这名小学生一样敢于怀疑，因为真正有效的学习并不是死读书，而是自主的、探究性的、学以致用的。

在中国，人们一直有这样一个传统的观念，听话的孩子就是好孩子。为此，很多青少年朋友认为，学好知识就要听话，记住老师传授的知识即可。而实际上，高效率的学习必须是自主的，必须是探究性的。为此，你必须从小开始培养自己敢于质疑的精神，在学习中勇于提出问题，敢于表现自己，敢于别出心裁，敢于挑战权威、挑战传统，从而养成想质疑、敢质疑、会质疑、乐质疑的良好习惯。

事实上，青少年阶段的学生已经不是儿童了，他们的自主意识相对于儿童来说更强，在学习上表现得尤为明显，他们对于老师的话、书本上的知识在接受的同时，也不再像小学生那样全盘接受，他们对自己不明白的问题,有时候会产生质疑,并试图找出正确的答案。因此，在学习时，如果你有疑问，就要大胆地提出来，这是勤于思考的表现，这表明你有了初步的创新意识，产生了创新的冲动。

具体来说，需要你做到：

1. 在日常生活和学习中多动脑

思考是提出质疑、发现新问题的前提，许多非常成功的人，都是善于思考的。牛顿通过对苹果落地现象的质疑产生了关于重力的思想。爱因斯坦通过对太阳的质疑产生了关于相对论的思想。爱迪生因为最爱向老师问“为什么”而成为伟大的发明家。一个只知记忆,不善思考，不敢质疑问难的学生并不是好学生，不会有创新能力，只能平平庸庸。所以，你要想让自己有所突破的话，就要多思考，例如，在做数学题的时候，你可以多寻找其他解决难题的方法。

2. 大胆地说出自己的想法

一个人具有想象力才敢于质疑，没有想象力的人就没有生机和活力。为此，你要敢于说出自己的想法，遇到问题要敢于打破常规，发挥自己的想象力，凡事没有标准答案，敢于提出不同的答案和见解，久而久之，你就能培养自己善于想象的习惯了。

古人说：“疑似之迹，不可不察。”“于无疑处有疑，方是进矣。”对待一些问题，要善于质疑，要敢于挑战权威，这样，你才能真正获得知识。那些人云亦云、不敢提出问题的人，不仅仅会失去成功的机会和别人的赏识以及最后被别人认可的快乐。

好奇心促使你探索未知世界

人类拥有巨大的潜能，而这种潜能的激发，在很多时候都来自一种强烈的追求，这就是求知欲。

人们常说“兴趣是最好的老师”。科学研究表明，人一旦对某活动产生了兴趣和热情，就能提高这种活动的效率。古今中外许多科学家、发明家取得伟大成就的原因之一，就在于由浓厚的认识兴趣所产生的强烈的求知欲望。其实，这种对知识的好奇心也就是怀疑精神的一种体现。任何一个青少年，现阶段最主要的任务就是学习，你只有积极主动地学习，才会永远立于不败之地。当然，在学习中，你也应该开发自己的好奇心，只有好奇心才会驱使你不断探索。一个人，如果连学习都需要别人推着前行，摆脱不了对别人的依赖，那么他将永远是一个弱者。

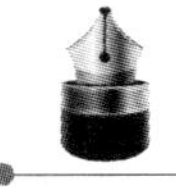

科学家丁肇中用6年时间读完了10年的课程，最终发现了“J粒子”，是第一位获得诺贝尔奖学金的华人。记者问他：“你如此刻苦读书，不觉得很苦很累吗？”他回答：“不，不，不，一点儿也不，没有任何人强迫我这样做，正相反，我觉得很快活。因为有兴趣，我急于要探索物质世界的奥秘，如搞物理实验，因为有兴趣，我可以两天两夜，甚至三天三夜待在实验室里，守在仪器旁。我急切地希望发现我要探索的东西。”

在世界文学史上，莎士比亚无人不知、无人不晓，他是英国伟大的戏剧家和诗人，他所创作的《罗密欧与朱丽叶》的剧情让无数人动容。他毕生创作了37部戏剧。

莎士比亚7岁时就开始读书，但他并不喜欢那些古板的祈祷文，而偏爱那些用拉丁文写的历史故事。

每年的五月是莎士比亚最喜欢的时间，因为每到这时，就有戏班子演出，莎士比亚是他们的忠实粉丝，他总是如痴如醉地观看每一场演出，直到戏班子离开。

14岁那年，莎士比亚就结束了他的学校生活，他不得不出来谋生，他做过很多工作，在父亲的店铺里打过工，在码头做过货物搬运工，也做过售货员，但他发现，自己对这些工作一点儿兴趣也没有，实际上，这是因为在他的心中，对戏剧的热情一直没有减退。

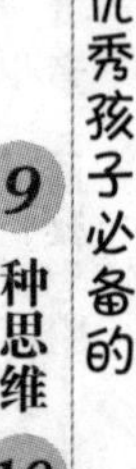

后来，莎士比亚在戏院找到了一份打杂的工作，他的主要任务是看管那些有钱人的马车和衣帽，在后台为戏剧演员们服务，但就是这样，他已经很开心了，因为他可以直接接触到戏剧了。一有时间，他就看演员们排练，这里，成了他的戏剧学校。这里也孕育了一位名垂青史的戏剧大师。

1592年的新年，对于莎士比亚来说是个难忘的日子，他的剧本《亨利六世》在伦敦最大的三家剧场之一——玫瑰剧场上演，莎士比亚一炮而红。很快《理查三世》、《威尼斯商人》、《温莎的风流娘儿们》、《哈姆雷特》、《奥赛罗》、《李尔王》相继上演。悲剧《哈姆雷特》的轰动效应，更使莎士比亚登上了艺术的顶峰。

莎士比亚为什么能在戏剧上取得如此巨大的成就？可以说，是求知欲推动他不断学习、不断拼搏和努力的，最终，他成就了自己的梦想，取得了人生的辉煌。

的确，求知欲是让我们产生学习兴趣的原动力，有了兴趣，才有无穷的动力使你在某个领域当中越钻越深。有了兴趣，才有勤奋，有了勤奋，才能成就辉煌和成功。

对于青少年朋友来说，也要挖掘自己的求知欲，当然，求知欲的获得来自于深刻的自我剖析。一个人，只有看清楚自己的缺点和不足，才能把自我剖析的手术刀插向心灵的深处，才能对心灵进行一番追问：我的缺点到底是什么？明天我将如何努力？哈佛有一句格言说得很好：一个目光敏锐，见识深刻的人，倘又能承认自己有局限性，那他离完人就不远了。

你只有对学习感兴趣，才能把心理活动指向和集中在学习的对象上，使感知活跃，注意力集中，观察敏锐，记忆持久而准确，思维敏锐而丰富，激发和强化学习的内在动力，从而调动学习的积极性。

最大的无知就是盲从

每一个青少年朋友最终都会脱离父母长辈而走向社会，而真正的成熟是心理的成熟，心理成熟的标志之一就是有质疑精神，不盲从。

在心理学上，有个著名的名词叫路径依赖。路径依赖，又被译为路径依赖性，它所阐述的是一种惯性，即一旦进入某种路径后，就会对这种路径产生依赖。同样，一个人一旦作出了某种选择后，就走上了一条不归路，惯性的力量就是这么强大，一旦你走进去，你便很难走出来。

第一个使“路径依赖”理论声名远播的是道格拉斯·诺思，由于用“路径依赖”理论成功地阐释了经济制度的演进，道格拉斯·诺思于1993年获得了诺贝尔经济学奖。

“路径依赖”理论被总结出来之后，人们把它广泛应用在选择和习惯的各个方面，其中就包括教育。我们先来看下面一个故事：

有五只猴子，它们被放到一个笼子里，在笼子的上方，主人放了一盘香蕉，众所周知，猴子是最爱吃香蕉的，看到香蕉，它们就伸手去拿，但此时主人会用水去教训“越界”的猴子，直到后来，再也没有一只猴子敢拿香蕉了。

再后来，主人再在这个笼子里放了一只新的猴子，并拿出一只老的猴子，新来的猴子不知这里的“规矩”，也伸手去拿香蕉，结果触怒了原来笼子里的四只猴子，于是它们代替人执行惩罚任务，把新来的猴子暴打一顿，直到它服从这里的“规矩”为止。

此人不断地将最初经历过水惩戒的猴子换出来，最后笼子里的猴子全是新的，但没有一只猴子再敢去碰香蕉。

起初，猴子怕被新来的、不懂规矩的猴子牵连，不允许其他猴子去碰香蕉，这是合理的。但后来人和水惩戒都不再介入，而新来的猴子却固守着“不许拿香蕉”的制度不变，这就是路径依赖的自我强化效应。

其实，人类何尝不是如此呢？当我们接受某个观念或某种行为模式后，便开始给自己设置条条框框，然后盲从于这种既定模式，却不想有所突破和创新。

自麦当劳创建以来，几乎集中了全部精力于如何扩张、如何发展壮大上，从董事长到普通员工，无不为麦当劳实现全国连锁乃至全球连锁而奋斗。为此，他们设计了快速服务系统，以保证汉堡包、奶昔、饮料等几种品种的供应，并规定了统一的作业程序，严格控制产品标准。虽然这种快速优质的服务在市场繁荣时期迅速拉拢了顾客，并深刻影响了美国人的饮食文化，但在萧条时期这种服务方式却暴露了巨大的弊端，那就是麦当劳仅重视自身的发展而忽略了顾客的需求，处处以大公司自居。

在更多的快餐店不断涌入、争分市场“蛋糕”的情况下，麦当劳的日子日趋艰难。这时，迈克尔·昆兰接任麦当劳的董事长一职，他意识到麦当劳的问题所在，对麦当劳以前的做法提出疑问，说：“公司上下所有的傲慢自大都必须丢弃。我们所坚持的美国价值观已经和现实不符，如此才使顾客弃我们而去。”他认为要用卓越的服务，给顾客一个美好的麦当劳消费体验，就必须改变一下传统的经营观念，不要认为在讲究服务效率的前提下，顾客只能接受纯麦当劳式的食品。

麦当劳 1991 年 3 月的内部刊物《管理通讯》的封面是迈克尔·昆兰的照片，他一手拿麦香鱼，另一只手拿生菜，这张照片看起来似乎没有什么意义，但它在整个系统中却传达了一个强有力的信息：如果

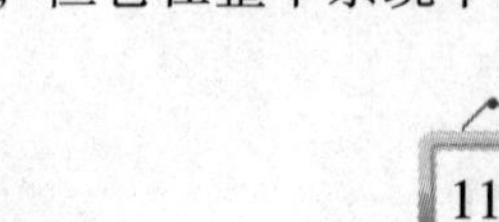

顾客要吃加生菜的麦香鱼，我们就该照做。“我们经历最大的一个改变是，我们愿意用顾客的眼光来挑战我们做的每件事，这样我们可以免受传统的束缚，改用策略性的思考。”于是，迈克尔·昆兰进行了大刀阔斧的改革，灌输顾客关怀文化，实施提升服务计划，终于引导麦当劳走出了低谷，重新稳定了其全球快餐业霸主的地位。

该如何避免习以为常、不假思索的毛病？该如何养成遇事多思考、认识自己也认识别人的习惯？这就需要“质疑”，创造思维性的关键即在于此。

从现在起，请做个练习：列出一张单子看看自己的日常习惯，对其中的每种习惯提出质疑。不人云亦云，不盲从，你才能做自己，才能真正长大并成熟！

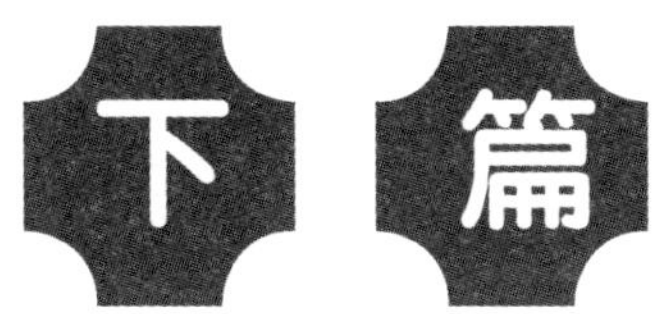

下篇

优秀孩子必备的10种能力

第10章 学习能力——财富有价，知识无价

现代社会，一个人是否有终生学习的意识、是否有较强的学习能力，直接决定了其竞争力的强弱。处于学习阶段的青少年朋友们，更应该认识到一点——财富有价、知识无价，并在日常学习中逐步提高自己各方面的学习能力。可想而知，一个不懂得如何学习的人要想提高学习能力和学习成绩是无从谈起的。当然，学习能力是多方面的，它包括注意力、思维力、应用力、自觉力、记忆力、想象力、创造力等，从这几个方面培养自己的学习能力，你的学习潜力将会得到最大限度的发挥。

学习能力是所有能力的基础

美国著名学者阿尔温·托夫勒曾说："未来的文盲不再是目不识丁的人，而是没有学会怎样学习的人。"

自古以来，中国人都强调读书学习的重要性，为此流传着"家无读书郎，官从何处来"的谚语。而现代社会，人们更是把学习看做个人安身立命的需要，学习比任何时候都显得重要和迫切。你若要顺应时代潮流，就应当比以往任何时候都更加重视学习，并把学习当成终生事业来经营。相反，假如你不愿意学习、不注意学习，就会墨守成规、缩手缩脚，只有抓好学习，才能对新事物、新知识了然于胸，对新情况、新问题心中有数，才能更好地适应时代的要求。

当然，在树立学习意识后，你应该掌握一些基本的学习能力，因为学习能力是所有能力的基础。

对于怎么学习的问题，我国从古至今就流传着许多脍炙人口的名言警句，如“学海无涯苦作舟，书山有路勤为径”、“敏而好学，不耻下问”等，但要想提高学习能力，你还需要强化三个方面知识的学习。

1. 掌握好理论知识

这类知识即为你从书本上学到的知识，只有强有力的理论指导，才能减少我们在实践操作中的错误。

要掌握好理论知识，反过来也需要积累。例如，你需要做到认真听讲。听课是获得知识的基本途径。听好课是学习之基础，是学习好，取得好成绩的根本;如果你能认真听讲，做好笔记，就能提高学习效率。当然，听课的方法有很多，因人而异，只要有利于提高听课效率的方法，就是最佳方法。

你还需要学会做课堂笔记。人们都说“好记性比不上烂笔头”，足见记笔记的重要性。初中生应养成勤记善记的好习惯。笔记可记：老师反复强调的；相似知识的对比；课文内容与现实相联系的时政知识点；分散知识的归纳综合，等等。

2. 参加社会实践，帮助你实现能力的转化

如果不注重能力的转化、反受知识的束缚，那么对知识的学习将影响你能力的发挥，结果会与我们的初衷背道而驰。

参加社会实践，对于你来说，也绝对不是什么形式主义，更不是走过场。你会在活动过程中，得到许多的乐趣。真正的知识是对于一种事物发展规律的正确认识和经验。如果你什么社会生活的经验都没有，那你的所谓知识只能是书本上的“死”知识，而不是生活中真正的知识。这样的你也绝不能自立，更别说经受得住社会的洗礼了。

3. 不要让理论知识束缚手脚，否定自己的能力

例如，在做一项工作时，如果对有关知识了解不深，你会说：“做

做看。”然后埋头苦干，拼命地下工夫，结果往往能完成相当困难的工作。但是有知识的人，常会一开始就说：“这是困难的，看起来无法做。”这实在是划地为牢，且不能自拔。

对于学习阶段的你来说，要想提高学习效率，在有限的时间里学会更多知识，提高适应能力，你就要懂得如何学习。只要掌握了学习能力，其他能力的获得也就容易得多。

注重思维能力的培养

思维的力量是无限的。思维有多远，你就能走多远，任何一个青少年都应培养自己的思维能力，思维能力是学习能力的重要方面。

我们发现，古今中外，任何一个成功者，都具有一些共同的特质：他们积极主动，富有创造力。而当今社会，一切竞争都可以归结为头脑的竞争，因为头脑能催生出创意，能从根本上决定成功与失败。因此，任何一个青少年朋友，如果你希望获得进步，希望在未来取得一番成就，那么，从现在起，你就要重视培养自己的思维能力。

其实，每个人都有自己的创新意识，有的时候只是处于隐蔽状态，未曾开发出来而已。青少年朋友们，只要你敢于突破常规、敢想敢干，一样能够突破自我。试想一下，当提到铅笔的用途的时候，你能想到些什么呢？可能你会说“书写”，但实际上，这只是铅笔的通常用途，你至少还可以得出其他答案：绘画、当发簪、做书签、当尺子画线，它削下的木屑可以做成装饰画，在遇到坏人时，削尖的铅笔还能作为自卫的武器……所以，千万不要以为铅笔只有一种用途——写字。这就考验了你的思维能力。

这就需要你训练出良好的思维水平。良好的思维水平的标志是：

（1）思考问题从多方面考虑。

（2）思考时，看到事物间的内部联系。

（3）善于独立思考，不人云亦云。

（4）思考速度快。

（5）思考方法独特。

常常听到家长和老师评价有的孩子聪明，反应快；有的孩子反应迟钝，问题稍一变形，就不会解；有的孩子语言表达不清，东一句，西一句，没有条理；而有的孩子说话、讲故事都井井有条等。这些都是对你思维水平高低的评价。

那么，你该如何锻炼自己的思维能力呢？

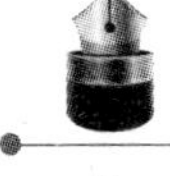

1. 训练有条理的思维习惯

凡事多问自己几个为什么，这一点，在学习上显得尤为重要。例如，在数学课上，学习梯形、平行四边形、正方形时，要想想它们之间存在什么关系；在学语文时，要学会联想，例如，阅读古诗“横看成岭侧成峰，远近高低各不同，不识庐山真面目，只缘身在此山中。”你应想到，从不同角度看到庐山不同的景象，原因是作者身在此山中。其中也隐含着这样一个道理，“当局者迷、旁观者清”。

2. 学会推理

这一点，你可以从做题中锻炼，也可以从日常生活中锻炼，例如，一到冬天，为什么会下雪？刑侦片中的警察是怎么破案的……

3. 遇到问题多想想，多试几种方法，灵活解决困难

例如，你需要推一个很重的箱子，而你怎么推也推不动，那么，还有别的方法吗？

再如，在演练某道数学题的时候，你可以转换一种思维方式，看看能得到什么，有时候，你会发现，只要你敢想，就会收到意外的惊喜。

文学家余秋雨说：“成熟是一种明亮而不刺眼的光辉，一种圆润而不逆耳的声响，一种不再需要对别人察言观色的从容，一种终于停

止向周围申诉求告的大气，一种不理会哄闹的微笑，一种并不陡峭的高度。”

一个人是否成熟的重要标志就是思维。而更为重要的是，思维能力是学习能力的重要方面。

自觉、自主地学习

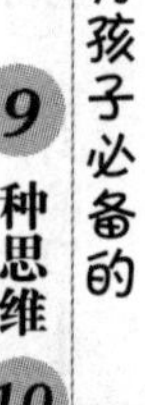

培养自主学习能力是社会发展的需要。每个人都必须树立终身学习的意识，因为一个人仅仅靠在学校学到的知识是远远不够的。终生学习能力已成为一个人必须具备的基本素质。

在竞争激烈的当今社会，一个人的竞争力如何，很多时候体现在他是否有自主学习的能力上。因为这关系到一个人最终能否获得丰富的知识，能否变得博学。同样，作为学生，你应该学会自觉、自主地学习。如果你能做到自主学习，那么，你的学习效果就会显著加强，远非注入式教学所能相比。

古人说得好：“善学者教师安逸而功倍，不善学者教师辛苦而功半。”一个学生一旦有了自觉学习的理念，就会主动学习，独立思考，日后参加工作，他还能找到自身的不足，不断地扩充自己的专业知识储备，懂得探究，最终实现发明创造。

然而，我们不难发现，在现实生活中，普遍存在老师讲、学生听，老师讲什么、学生听什么，老师讲多少、学生听多少，老师启发什么、学生思考什么，老师启发到哪儿、学生跟着想到哪儿的现象。很多孩子都习惯接受老师“填鸭式”的教育，又怎么会实现自我突破呢？

当然，自主学习的能力不是一朝一夕就能养成的，它是在学习实践中反复训练、反复运用、不断提高的。要掌握自主学习的能力，你需要做到：

1. 清楚学习目的

你为什么而学习？是父母强逼你学习，还是你有着伟大的梦想？如果你总认为学习是一件无奈的事，那你又怎么可能投入全部的热情呢？因此，你不妨重新考虑一下自己的学习目的，真的是为了他人吗？

2. 早动手

在学习上，你若学得早，你就有足够的时间，你做的准备就越充分；你若学得晚，你的时间就越少，你的心就会越焦躁。

曾经有记者对某所著名的高中三年级某班学生进行跟踪调查，他们发现，中午吃饭时间不到30分钟，校园里已空无一人，教室已响起了琅琅的读书声；课间操集合时，每个同学都拿一个小本本，嘴里念念有词，他们在利用集合时间记英语单词！以这样的精神学习，还怕学不好吗？

3. 制订详细的学习计划

盲目地学习是不会取得好效果的，效率差的学习会让你的自信心逐渐消失殆尽，因此，你最好制订一份详细的学习计划：每天干什么，什么时间干，要有详细的计划，计划要切合实际，要略高于自己现在的学习能力。

从明天起，你将开始全新生活！制订个详细的计划，让它来规范自己，约束自己，提醒自己，鞭策自己！依计划而行，则有条不紊，顺理成章；无计划行事，则盲无目的，失去所向。

4. 坚持你的学习计划

一直以来，学习都不是一件轻松愉快的事情，也不是一朝一夕就能做好的事情，它必须付出艰苦的劳动。思想上，你不要把学习看做是一种负担，一种包袱和一件苦差事，学习是一种追求、兴趣、责任，一种愿望，学知识是为人生更快乐，更有滋味，更有激情。

学习过程中，你才是学习的主人，你应该将自己的全部感官都调

动起来，然后积极地参与到学习中去，自己去看书、去思考、去发现问题，分析问题、解决问题，从而掌握自主学习的方法，探索知识的规律。

提高记忆的能力

记忆的大敌是遗忘。提高记忆的能力，其实就是要尽量避免和克服遗忘。这个过程并不难实现，只要你在日常的学习和生活中进行有意识的锻炼，掌握记忆规律和方法，就能改善和提高记忆力。

可能很多孩子在学习的过程中都曾遇到过这样的苦恼：刚刚学习的知识点就忘记了、刚复习的内容到了考试时却怎么也想不起来、一个单词读了上百遍还是记不住……为此，他们常常感叹：为什么我的记忆力这么差？其实，这是因为你没有掌握科学的记忆方法。

记忆，就是过去的经验在人脑中的反映。它包括识记、保持、再现和回忆四个基本过程。其形式有形象记忆、概念记忆、逻辑记忆、情绪记忆、运动记忆等。

在日常生活中，提高自己记忆力的办法其实有很多，重要的是你要做个提高自己记忆能力的有心人，在任何场合都形成习惯。我们可以从以下十个方面着手，结合自身的实际情况加以改进和完善。

1. 注意力集中

学习时，你一定不能一心二用，而要聚精会神、专心致志，排除一切杂念和外界干扰，这样，大脑就会对你学到的知识留下很深刻的记忆，就不容易遗忘了。现在来回忆一下，你是不是一边背诵课文或者单词一边吃零食、玩手机呢？如果有这样的习惯，你必须改掉这个坏习惯。

2. 注入你的兴趣

如果你对正在学习的内容和知识感到十分厌恶或者一点儿兴趣也提不起来，那么又怎么会记得住呢？因此，学习时，你最好端正态度，真正爱上学习，才有可能学得好。

3. 理解记忆

理解是记忆的基础。只有经过大脑处理、理解的东西才会印象深刻。一味地死记硬背，则不容易记得住。对于重要的学习内容，如能做到理解和背诵相结合，记忆效果会更好。

4. 过度学习

即使你现在自认为已经记住了那些应该学习的内容，你还应该多记几遍，达到熟记、牢记的程度。

5. 及时复习

遗忘的速度是先快后慢。对于刚学过的知识，你一定要趁热打铁，及时温习巩固，这是强化记忆痕迹、防止遗忘的有效手段。

6. 经常回忆

学习时，不断尝试回忆，可使记忆中的错误得到纠正，遗漏得到弥补，使学习内容难点记得更牢。闲暇时经常回忆过去识记的对象，也能避免遗忘。

7. 视听结合

可以同时利用语言功能和视、听觉器官的功能来强化记忆，提高记忆效率。比单一默读效果要好得多。

8. 运用多种手段

根据情况，灵活运用分类记忆、图表记忆、缩短记忆及编提纲、作笔记、卡片等记忆方法，均能增强记忆力。

9. 掌握记忆的最佳时间

一般来说，上午 9~11 时，下午 3~4 时，晚上 7~10 时，为最佳记忆时间。利用上述时间记忆难记的学习材料，效果较好。

10. 科学用脑

在保证营养、积极休息、进行体育锻炼等保养大脑的基础上，科学用脑，防止过度疲劳，保持积极乐观的情绪，能大大提高大脑的工作效率，这是提高记忆力的关键。而如果你是个作息不规律的人，那么，你最好调整自己大脑的工作和休息时间，让大脑得到充分的休息。

总之，如果你能遵循以上十点记忆力训练的方法，你就能逐步提高记忆能力，从而高效地学习。

把学习运用到实践中

人，总是要走向社会的。人，最重要的是能在社会上创造有利于人类的价值。因此，任何书本知识最终都要运用到社会实践中才能产生直接效用。

古人云“读万卷书，行万里路”，“纸上得来终觉浅，绝知此事要躬行”。古人早就认识到通过参加实践活动而得到知识的重要性，“知”与“行”统一起来才是真正的学习。对于青少年阶段的你来说，社会才是人生真正的战场，才能历练出一个真正成熟的人。事实上，人类社会发展到今天，是否拥有动手能力和创新精神已成为一种判定人才的标准，这更是一种时代精神。

可遗憾的是，由于受应试教育的影响，很多孩子只顾应付各种考试，他们不愿涉足生活，常年累月习惯躲在教室和家中攻克书山题海，结果把自己变成了“书虫”，与社会脱节。疗救的妙方即是，少读“死书”，要善于在生活实践中学习和运用知识，提高阅读能力，培养创新精神和创造才能。

的确，即使你的学习成绩再好，如果你没有动手能力，那么，你也只能如襁褓中的婴儿一样需要他人为你遮风挡雨。将理论知识运用到实践当中，那么，你获得的不仅是知识，还有能力。

作为未来接班人，应该注意在学习的时候，将理论与实践结合起来,这样的学习才是智慧的学习。具体来说,要想把学习运用到实践中，你需要做到：

1. 不要把眼光局限于成绩上

当前一些孩子因为长时间受到父母短视、片面地教育“我们什么都不要你做，你把书读好就行了”而导致了人格与思维上的发展受到局限。

对此，青少年朋友们，你应该告诉自己要成为一个有远见和理想的人，多关注社会、国家，你的思维就会慢慢变得开阔起来。

2. 不要把眼光局限在学校中

当然，要培养自己的实践能力，就不能把眼光局限在学校中。哈佛大学的一位专家也指出：学校里学的东西是十分有限的，在工作中和生活中所需要的相当多的知识与技能，完全要靠我们在实践中边学边摸索。社会是更大的一本书，需要经常不断地去翻阅。

3. 从身边的小事开始参与实践活动

你可以完成适当的家务，如打扫卫生，洗碗，清理房间等。你还应该多参加社会实践，如卖报纸，体验农村生活，参加夏令营，善于交朋友等。

的确，思维和现实之间的差距就在于实践，再美好的思维理想，若不付诸行动，也如痴人说梦。这一点，应该落实到生活的细节上。只有体会到实施的难度，才能检验思维的成熟度。总之，应该注意在学习的时候，将理论与实践结合起来，这样的学习才是智慧的学习。

发挥想象的空间

那些愿意开动脑筋的人，敢于想象的人，都拥有着他人所没有的创造力，他们通常走在人前。

当今社会，知识的力量是无穷的早已毋庸置疑，然而，任何人，若想让知识产生价值，都不能被知识禁锢。爱因斯坦说："想象力比知识更为重要。"一个敢想的人才敢做。可以这样说，人的一切发明与创造都源于想象力。一个人一生的成就，全归功于他能建设性地、积极地利用想象力。有与众不同的想法，才能有与众不同的收获。

因此，任何一个尚处于成长期的青少年，都应该在日常生活中多开动你的大脑，都要把想象力当做培养自己学习能力的重要方法。

可能在学习中，你经常会遇到一些思维上的死胡同，你找不到解决的方法，但实际上，方法总比问题多。只要你愿意开动大脑，发挥你的想象的空间。

事实上，人们都不愿意开动脑筋去寻找方法，因为这是一件伤脑筋的事情，于是，为了保险起见，人们更愿意使用前辈们已经传授给我们的方法和经验，而这却容易使得我们陷入思维的惯性中，即按固定的思路去想问题，而不愿意换个角度、换种方式去想，拘泥于某种模式。这样不仅不利于问题的更好解决，更阻碍了我们的思维活跃性。

青少年朋友们，你若想开动自己的大脑、发挥想象的空间，你需要从以下几个方面努力：

1. 发散思维的获得

通过联想能力的训练，可以锻炼发散思维。你应当引导自己从事物中获得某种启示、感悟，如在写作文时提高思想认识，深化作文主题。这不仅是对自己思维的一种训练，也是一种德育教育。

2. 抽象思维的获得

你可以进行一些奇数或偶数数列和递减数列的训练。例如，要求在 5、7、9、10、11、13、15 这七个数中去掉一个多余的数。看自己能否从这个奇数数列中挑出那个多余的偶数 10。这种数的概括推理方法，对于青春期的你是轻而易举就能掌握的。

3. 逆向思维的获得

逆向思维是创造性思维中的主要部分，逆向思维有两大优势：

优势一：在日常生活中，常规思维难以解决的问题，通过逆向思维却可能轻松破解。

优势二：逆向思维会使你另辟蹊径，在别人没有注意到的地方有所发现，有所建树，从而制胜于出人意料。在日常生活中积极主动地运用逆向思维，则能够起到拓宽和启发思路的重要作用。当你陷入思维的死角不能自拔时，你不妨尝试一下逆向思维法，打破原有的思维定式，反其道而行之，说不定就会豁然开朗。

生活中，只要我们开发大脑，运用想象力，跳出思维的框框，就能发现思维的另一个高度，就会得出异乎寻常的答案。不寻常的方略引导不寻常的成功，你应该学会灵活变通，当大家都朝着一个固定的思维方向思考问题时，你不妨换个角度思索，这实际上就是以“出奇”去达到“制胜”。

注意力训练方法：舒尔特方格法

注意力集中者无论是学习还能做事都能事半功倍，而注意力的集中作为一种特殊的素质和能力，需要通过训练来获得。

我们都知道，一个人在学习时的专注程度，直接关系到他学习效

率的高低。有的学生在课堂上不认真听讲、注意力不集中，在课后即使花了很多时间依然学习效率低下。而这些学生为什么总是注意力不能集中呢？除了没有学习的目标、兴趣和自信之外，还有一个原因就是不善于排除自己内心的干扰。有时候，并不是其他同学在骚扰你，而是你自己心头有各种各样浮光掠影的东西。要排除它们，这个能力是要训练的。

为此，心理学家提出了一个重要的训练注意力的方法：舒尔特方格法。具体操作过程如下：

舒尔特方格是在一张方形卡片上画上 1cm × 1cm 的 25 个方格，格子内任意填写上阿拉伯数字 1 ~ 25 的共 25 个数字。训练时，要求被测者用手指按 1 ~ 25 的顺序依次指出其位置，同时诵读出声，见下表：

18	24	10	13	9
5	7	19	12	6
17	14	11	2	25
16	23	1	22	3
20	8	14	21	4

舒尔特方格不仅可用来测量人的注意力的稳定性，而且用这套图表坚持天天练习一遍，那么你的注意力水平就能得到大幅度提高，包括注意的稳定性、转移速度和广度。运用这种方法的时侯，你可以自制几套卡片，绘制表格，任意填上数字。从 1 开始，边念边指出相应的数字，直到 25 为止。

舒尔特方格是全世界范围内最简单、最有效也是最科学的注意力训练方法。寻找目标数字时，注意力是需要高度集中的，把这短暂的高强度的集中精力过程反复练习，大脑的集中注意力功能就会得到不断地加固、提高，注意水平就会越来越高。

当然，要提高自己的注意力，除了掌握舒尔特方法外，你还应从以下几个方面努力：

1. 明确学习目的

在茫茫学海中，目的越明确，对学习的意义认识就越清楚，注意力就越集中。知道自己一天下来该做什么，该收获什么，就不会觉得空虚。

2. 培养学习兴趣

兴趣是最好的老师，要在自己精神意志中对自己说学习不是件困难的事，这样注意力就更加集中了。

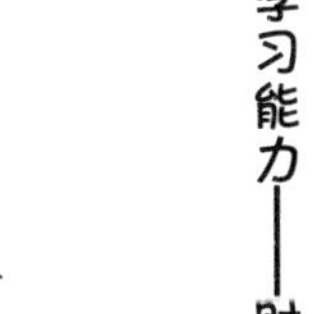

3. 学习先易后难

知晓一步是登不上天的，长城是由无数块砖堆积的，学习中遇到困难是暂时的，暂时的就肯定有解决的方法。

4. 学会自我克制

自制力对于一个学者来说很重要。要克制外界的诱惑，闹中取静看的是心态。

以听课为例。当发现自己有轻视讲课内容的苗头，或教师讲课方式不合口味，或思想不自觉开小差的时候，当出现不安静时，就要排除干扰，保持集中注意力的心理状态。课堂讲授的各种科学知识有其知识体系，概念系统，比较抽象概括，这需要借助意志力的帮助自我控制，去战胜分散注意力的各种干扰因素，做到有意识地注意。

5. 为自己营造一个安静的学习场所

这个方法实现起来非常简单，当你在家中复习功课或学习前，你要先将书桌上的与学习无关的物品全部清理掉。否则，你的注意力很容易转移到那些物品上。这种空间上的处理，是你训练自己集中注意力最初阶段的一个必要手段。

注意力的培养，需要以一个积极的态度去面对，最重要的就是心态。除此之外，你还需要掌握一些必备的注意力训练的方法，成为一个学习认真的人，能帮你很快提高学习效率。

第 11 章 观察能力——一切尽在细节之中

著名生物学家巴甫洛夫对他的学生说："应该先学会观察、观察。不学会观察，你就永远当不了科学家。"事实上，除了科学研究，任何人对世界的认识都是从观察开始的，即通过自己感官的感觉来获取外界的信息。对于很多青少年朋友来说，观察力如何，也直接影响到你的一生，拥有一双"火眼金睛"，你才能察人所不能察，才能拥有走在人前的本领，所以观察能力是极其重要的。

要善于洞察人心

人们在交往、谈话中，都会有一些内心活动，是否能看透他人的内心世界，体现了我们的观察力。只要我们善于观察，一个人的言行举止、眼神、小动作，都是很有价值的观察对象。

生活中，我们常听到人们说："细节决定成败。"的确，一个人若具备了善于观察细节的能力，他就拥有了一种洞察一切的能力，也就具备了创造力。对于学习阶段的青少年朋友来说，观察的目的性是学习目的性的一个有机组成部分，它保证我们的学习能够按照一定的方向和目标进行。可能你会产生疑问：那么，我该如何获得观察力呢？人的观察力虽然受先天生理、心理因素的影响与制约，但主要是在后天实践中形成和发展起来的。其中一个重要的方法就是学会洞察人心，这不仅能训练出一个人的观察能力，更能帮助其在生活中制定更好的交际决策。

有个道士求见唐伯虎，大肆吹嘘修炼的好处。唐伯虎一看道士，知道此人不善，就说："既然有如此高妙的道术，为什么不自己干？而要赐予我？"道士说："只恨我福分太浅！我看过的人很多，有福气的人，没有像你这样的。"唐伯虎笑着说："我只出仙福，在城北有一间房间，非常僻静，你到那边修炼，炼出后各得一半。"道士还没有醒悟，每天到家来，拿出一把扇子求唐伯虎题诗，唐伯虎写道："破布衫中破布裙，碰到人就说会炼银，那为何不烧一些自己用？玩弄把戏罢了。"

道士求见唐伯虎，不过是冲着唐伯虎的名声，然后得到他的题诗进而再去行骗，他的伎俩被唐伯虎识破，自然，他的想法是无法得逞的。

可能很多青少年朋友在与人打交道的过程中都会遇到一些令自己头疼的问题，不知道他人内心到底在想什么，而这就需要你具备洞察人心的能力。曾国藩成为中国封建社会末期著名的军事家，也是和他善于洞察人心有关。你要以之为鉴，把它用到社交和应酬上，于是，如何洞察他人的内心世界成了我们要理解的重要课题，掌握了它，你就掌握了与人打交道的要领。

实际上，人的内心世界和情绪多半会不由自主地表现出来，为此，只要你能用心观察他人的言行举止、神情动态，你就能捕捉到很多信息。

当然，与人交往中，识别他人情绪、看透他人的内心世界，多半是为了照顾他人的感受、体恤他人的心情，从而调节自己。例如，如果你的朋友刚失去亲人，那么，在他面前，你就尽量不要开怀大笑，而应该感同身受，表达自己的悲哀之情。

人们对于那些善解人意者往往都有好感，并愿意与之交往。因此，

人际交往中，你不妨细心一点，多观察对方的心情变化。当对方遇到了悲伤的事情时，你可以这样安慰他:“我能体会到你现在的心情……”当对方走出情绪的阴霾时，必定会认为你是个贴心的人。

但在日常生活中，不恰当的劝慰方式比比皆是。当同学、朋友失去亲人时，我们总说“别哭了，哭不是办法”；当朋友遭遇失恋时，我们说“失恋的人多了去了，你又不是第一个”；当朋友陷入人生困境时，我们说“你要坚强，一会总会好的”，等等。心理专家认为，我们最常犯的错误就是，没有与对方形成同感共情，也没有将积极的心态传达给对方。

实际上，人际交往并没有人们想象的那样难，只要我们掌握一些交际要领，但前提是洞悉对方的内心世界，那么，交际也会变得轻松。

眼为心门，从眼神中读懂对方

在人类的感觉器官中，眼睛是最重要的器官之一。眼神是无法掩饰的，因为更能真实地表达出一个人的品质、修养以及心理状态。

人们常说：“眼睛是心灵的窗户。”在人类的面部表情中，眼神是最为微妙复杂的，不管是用眼神表达信息，还是准确地理解别人的眼神所表达出来的信息，都非常困难。青少年朋友们，在训练自己的观察力时，如果你能从眼神中看透和理解他人所表达的意思，那么你就能够洞悉对方真实的内心世界，从而更好地与之交流。

那么，如何通过对方的眼神读懂对方的心灵，从而提高自己的观察能力呢？下面，让我们一起来学习学习。

1. 不同的眼神，反映出不同的性格类型

不同的眼神，反映着不同的内心世界。同样，不同的人，眼神也

是不同的。自卑的人，眼神往往躲躲闪闪，很难长久地注视别人，一旦发现别人在注视他，就会将视线突然移开；性格内向的人，无法将视线集中在对方身上，即使偶然看对方一眼，也是一闪而过，这种人往往不善交际；三心二意的人，听别人讲话时一边点头，一边左顾右盼，从来不把视线集中在谈话者身上，这说明听话的人对说话人以及说话人所说的话题不感兴趣。凝神倾听的人，总是将视线集中在对方的眼部和面部，以表示对对方的尊重和理解；心不在焉的人，很难将注意力集中在自己正在做的事情上，非但不看对方说话，而且反应冷淡。

2. 不同的眼神，反映出不同的情绪倾向

一个人，如果总是用充满仰视的眼神看着对方，说明对对方的尊敬和信任之意；反之，如果总是俯视他人，则是在刻意维护自己的尊严。表示认可和欢迎的时候，人们总是伴着微笑而注视对方；反之，如果紧皱眉头，用焦虑的眼神看着对方，则表示担忧和同情。当一个人鄙视对方的时候，总是保持面无悦色的斜视；当一个人讽刺另一个人的时候，总是用冷漠的眼神看着对方，然后突然一笑；当一个人突然圆眼瞪人时，是在表示一种警告或制止；当一个人从头到脚地以挑剔的目光巡察别人时，则是一种审视。

如果两个人彼此心存好感，那么说话的时候往往喜欢注视对方的眼睛，以达到眼神的沟通、心灵的交流；相反，如果两个人话不投机，就会尽量避免注视对方的目光，以消除不快。此外，漠视的眼神给人一种拒人于千里之外的感觉，还有一种轻蔑的意思在里面；眯视也是不太友好的语言，给人一种睥睨和傲视的感觉。

3. 不同的眼神，传达出的信息也是不同的

在交往中，眼神和心理是互通的，如果能够在实践中加以运用，对交往将大有好处。如果你想在和对方的争辩中获胜，那你千万不要挪开目光，以示坚定不移的决心；如果你希望给对方留下深刻的印象，你就要长久地凝视他的目光，以示自信；在和一个人交谈的时候，如

果对方漫不经心而且微闭双目，你就要知趣，及时停止交谈，倘若你还想继续进行有效的沟通，那就要随机应变；和一个初次见面的人交谈时，如果你想和对方建立良好的关系，至少要有 60% ~ 70% 的时间注视对方。

需要注意的是，不要一直直视对方的眼睛，可以注视对方的两眼和嘴之间的三角区域，这样才能正确而有效地向对方传递你友善的信息；在和陌生人的交往中，如果你想尽快和对方建立信任感，在对方讲话的时候，你就要面带微笑，并以期待的目光注视对方。

认真倾听，破译对方心态

大多数观察人的高手，他们通常都能在对方所说话语的字里行间找到线索，巧妙地掌握对方的心理，从而了解他人对你的态度、对事物的看法，进而诱导、确认或控制对方的想法。

现实生活中，相信很多青少年朋友都已经认识到察人、识人在人际交往中的重要性，只有具备明眸慧耳，看清你的应酬交际对象，才能作出正确的交际决策，避免很多误区。可是如何掌握它的技巧和切入点，却成为一个难题。心理学家认为，无声语言所显示的意义要比有声语言多得多，而且深刻得多。

一个人说话时的语气、语调、神态等，都是承载这句话的基础，它所包含的内容会让这句话所传达的情感更加丰富。当别人笑着亲切地说："真是一个混蛋！"你可以把这句话当成一个玩笑，但是同样这句话，当人们咬牙切齿地说出来时，你就要认真对待了，否则很可能最酿成一个悲剧。很多时候，一句话并不是光用耳朵听就可以明白的，还需要用眼睛去看，用心去想，最终你才能理解这句话的含义。只有

从对方的语气揣摩对方的心理，才能在与人的交流中有的放矢。

因此，在观察他人的过程中，你不仅要学会观察他人的举止、颜色，还要懂得倾听，因为很多时候，对方多传达的信息并不是直接陈述的。

那么，具体来说，我们该怎样从倾听中了解对方的心态呢？

1. 听出对方的情绪和意图

在各个场合，“听话听音”，一个人即使不和你说真话，他的语气同样可能暴露出他的性格、愿望、生活状况甚至他的意图。潜藏在人内心的冲动、欲望等，总是会通过某个方面体现出来，所以要了解对方意图可借语气来读懂他的心思。因此只要你能准确地抓住他的心，就能更准确地分析他的心理，就能看准他人的本质。

生活中，我们能从别人的语气来判断一个人与你交谈时的情绪等，而留意了他的语调语速变化，你就留意到了他的内心变化。有些语调变化是故意向你传达某些信息，而某些语调变化是潜意识的，你则可以发现他的情绪变化，以便随时调整你的说话内容。

2. 鼓励对方多说

任何人在谈话的时候，都希望自己的意见和观点得到认同、理解。因此，如果你能表示出对对方的理解的话，那么，他是很愿意继续说下去的。对此，你可以在倾听后适当地加入一些简短的词汇，例如，“对的”、“是这样”、“你说得对”等。也可以点头微笑表示理解。当然，你还需要专心倾听，并与对方偶尔进行眼神交流，切不可心不在焉。

在与人打交道的过程中，青少年朋友们，你必须学会看穿他人心思、懂得一些“读心术”，看人不能看表面，也不要凭三言两语无端地断定一个人，只有多方观察，从举手投足、眼神等各个方面综合判断才能真正判断他的心思、用意。而学会倾听，训练自己破译他人的心态，可以说是促使自己圆满处理人际关系的重要条件。

观其行，然后识其心

有时，如果你看不透一个人的内心，不妨观察一下他在不经意间所做出的一些肢体动作，这样一来，往往能够洞察他的真实内心世界。

我们都知道，观察人的内心是训练青少年朋友观察能力的一个最有效的方式，因为观察人心考验的不仅仅是一个人的细心程度，还有人的思维能力。然而，什么才是观察人心的突破口呢？其实，最直接的方式莫过于观察他人的肢体动作。从某种意义上讲，一个人的肢体语言是其性格的一面镜子，会泄露其内心的想法。在人际交往的过程中，假如你能够在说话之前先细致入微地观察一个人的肢体语言，就能够很轻松地了解他的性格特征和心理状态。

在第二次世界大战期间，德国境内活跃着很多美国间谍，他们窃取了很多军事机密，使德国损失惨重。为了识破这些间谍的伪装身份，德国方面绞尽脑汁，最终不得不求助于各个行业的专家。在一次酒会上，在行为心理学家的指点之下，德国特工居然一举俘获了24名美国间谍，令美国情报部门元气大伤。

那么，德国特工有什么高招能大获全胜呢？答案是坐姿！原来，美国人的性格比较粗犷，不拘小节，坐着的时候，经常做出脚踝和膝盖交叉的动作，但是，严谨的德国人却从来不这么坐。在行为心理学家的指点下，德国特工根据这个简单的规律，识破了一直伪装得很好的美国间谍。

那么，你该如何掌握一个人的肢体语言以了解其内心世界呢？为此，你需要从两个方面入手：

1. 观察其双手

在人类的进化过程中，双手是劳动不可或缺的关键部位，因此发挥了至关重要的作用，推动了人类的进化历程。在长期的劳作中，双手形成了一整套精细的动作，能够生动地反映人类的内心世界。通常情况下，人们习惯于把双手放在身体前面，这样一来，就很容易被别人观察到，因此，即使手部的动作非常细微，不易被觉察，也能反映出人们内心的微妙变化。

紧握双手总是面带微笑看着对方，给人一种自信的、胸有成竹的感觉。实际上，紧握双手的人有着深深的挫败感，内心拘谨而焦虑。心理学研究表明，双手紧握的位置越高，情绪越沮丧，挫败感越强。

在现实生活中，很多时候，人们都会摩擦手掌，因为摩擦手掌代表着丰富的含义，适用于各种情境。摩擦手掌的时候，速度不同，反映的心理状态也不同。摩擦得慢，表明犹豫不决；摩擦得快，表明满怀期待。例如，在等待面试的过程中，面试者一边踱步一边搓揉手掌，说明他的内心紧张不安。

2. 观察其脚步动作

例如，性格开朗的人，走起路来大步流星，脚步声比较重；相反，性格内向的人，走路缓慢而踏实。成熟老练的人，走路很稳，步伐很有节奏；而毛头小伙子走起路来则匆匆忙忙，充满活力，当然，也就显得不够踏实。例如，如果一个人看上去非常强壮，但是走路却小心翼翼，那么，他肯定是个外粗内细的精明人，做起事情来喜欢以粗犷的外表来掩盖严密的章法；如果一个端庄秀美的女子走起路来却急急忙忙，脚步不仅沉重而且凌乱，那么，她一定是个性格开朗、心直口快的人。

当然，一个人的肢体语言还有很多，需要你在日常生活中细心观察并加以总结。总而言之，不管是手部动作还是脚部动作，都会透露一个人的性格特点和心理状态。无论是听别人说话，还是说给别人听，在说话之前，最好先观察别人的肢体语言，这样才能使谈话更加顺利地进行下去！

学做有心人，提高观察力

一个人，要想让自己的思维更敏捷，要想提高自己的学习效率，要想探索科学的奥秘，就得仔细观察。

无疑，观察力是人一生中很重要的能力。对于某些人来说，他们可能长着一双美丽的大眼睛，但美丽纷繁的世界却没有留在他的脑海中。这是为什么呢？答案是观察力不强。

一个人的观察力如何，直接关系到他的一生。因为观察力是我们获取信息和资料的重要途径。不会观察者，是不可能拥有杰出的智慧，也不可能成就非凡的事业，所以观察力很重要。每一位青少年朋友，都应该学做生活的有心人，在生活中有意识地提高自己的观察力。

然而，观察力的训练并不是毫无章法的，为此，你可以从如下几个方面入手。

1. 明确观察目的，提高观察责任心

生活中，人们做任何事、说任何话都是有目的的。在观察的过程中，你只有带着目的观察，才能提高责任心，才会对自己的观察力提出较高的要求，从而提高观察力。

明确观察目的，包含两层意思：第一层是认识到观察力的重要性，认清观察对自身职能发展的好处；第二层是在观察事物前，要明确目的，即观察什么，为什么观察。例如，在家中，你可以找出一件工艺品，观察其颜色、形状、大小、用途、特点等。在观察的过程中，你还可以边观察边用语言描述。

2. 明确观察对象，制订观察计划

这样就可以将观察力指向与集中到要观察的对象上，并按部就班，从容观察，从而有助于提高观察力。

例如，你可以学着种一盆花，然后每天观察其变化，还可以写

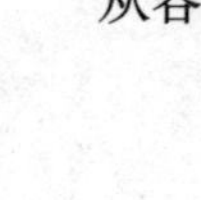

观察日记。这样的观察活动，既有兴趣，又有丰富的内容，效果很好。

另外，你可以自己学着煮饭，例如，放多少米，怎么淘，放多少水，大火烧多长时间，小火焖多长时间。先观察父母怎样做，然后自己一边学着做，一边观察。这样既学会了做饭，也提高了观察力。

3. 观察时要全神贯注，聚精会神

注意性是观察力的重要品格之一。只有提高注意性，对观察对象全神贯注，才能观察得全面具体，才能收集到对象活动的细节。

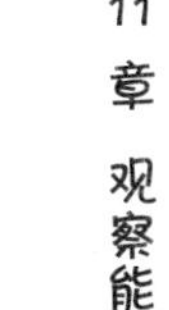

4. 培养浓厚的兴趣和好奇心

兴趣和好奇心是提高观察力的重要条件。一个人具有好奇心，对其观察的对象有浓厚的兴趣，他就会坚持长久的观察而不感到厌倦，从而提高观察力。

5. 要有丰富的知识和经验储备

只有这样才能在观察中善于捕捉机遇。科学家巴斯德曾说过，“在观察的领域里，机遇只偏爱那种有准备的头脑。”

6. 掌握良好的观察方法

如要坚持观察的客观性，要注意被观察对象的典型性等。不懂得观察的方法，对学习和工作也不会带来益处；相反，只会浪费时间，影响学习、工作的效率。因此观察事物必须掌握不同的方法。

常用的观察方法有：全面观察和重点观察；在自然状态下观察和实验中观察；长期观察，短期观察，定期观察；正面观察和侧面观察；直接观察和间接观察；解剖（或分解）观察，比较观察；有记录观察和无记录观察，等等。观察不同的对象，出于不同的目的，应事先考虑用什么样的观察方法。有时候，需要几种方法配合使用。

观察事物是为了认识事物，感知是认识的第一步。观察力的提高需要一个循序渐进的过程，在生活中留意一事一物，能帮你提高观察力。

多方搜集信息，提高观察的准确率

我们观察到的往往只是表象，有表象就有本质。为了提高观察的准确率，我们最好在观察前后多方搜集信息，并努力求证。

观察力的重要性已经毋庸置疑，牛顿若不是观察到落地的苹果，就不会发现万有引力定律，就不会对人类科学做出巨大贡献。每一位青少年朋友，都要留心身边的一事一物。然而，你还应该认识到的是，人的眼睛所看到的事物往往是表象，具有不真实性。为此，你必须在观察前和观察后进行一番信息搜集的工作，有目的、有计划地观察活动才是真实有效的、准确率高的观察。

10岁的亮亮是个聪明的四年级学生，他对周围的许多事物都充满了好奇。生活中，他总是喜欢问爸爸妈妈“为什么”，后来，被他问烦了的爸爸妈妈就对他说：“如果你不明白，就自己去求证，这样不是更有意思吗？”亮亮点了点头，他觉得爸爸妈妈说的话很有道理。

有一次，亮亮的脚趾上长了一个疮。周末的时候，爸爸带着他去医院清洗伤口，他看到医生用一瓶透明的液体擦在自己的脚上，很快，他发现，脚趾上居然冒泡泡，亮亮感到很奇怪，就问医生：“这是什么东西啊？好像不是酒精。”

“你怎么知道不是酒精？”医生问。

“酒精有味道嘛。”

“挺聪明的小孩。”医生对亮亮爸爸说。

就在亮亮准备和爸爸一起回家时，突然下起雨来，过了一会儿，还出现闪电。亮亮又感到奇怪，为什么先看到闪电，后听到雷声呢？短短一个周末，已经有好几个问题困扰亮亮。

回家后，亮亮赶紧上网查资料，那种冒泡泡的物质是什么？雷声和闪电出现的时间为什么不一样？终于，他得到了答案，消毒的是双氧水，之

所以冒泡泡是因为双氧水在常温常压下容易分解成水和氧气，气泡就是氧气。而雷声在闪电后出现是因为光速比声速快很多。接下来，亮亮又产生了很多疑问，什么是化学反应，氧气又是什么？雷声是怎么出现的……

从那以后，亮亮对物理、化学产生了兴趣，尽管他现在还没有接触到这两门课程，但他经常向其他高年级的同学借书来自学，现在的他已经成了班级里的“百事通”了。

生活中的青少年朋友们，当你遇到和亮亮一样的疑问时，会不会也和亮亮一样去找资料求证呢？真正解决观察中的疑问，才是有效的观察。因此，你在观察时也要带着质疑的眼光和追求到底的精神，这样，你的求知欲才会得到激发，才会不断获取知识。为此，在观察中，你需要掌握以下几条原则：

（1）知识准备充足。有效的观察，必须具备关于观察对象的预备知识，知识准备越充足，对观察对象的理解就越深刻。

（2）对事物有顺序、有步骤、系统地观察。在观察某些事物时，要由表及里、由上至下、由突出到细致的特征等，按一定的顺序观察。

（3）敢于质疑观察结果，并努力求证。有时候，你所看到的现象并不是事实的全部，因此，你最好寻找一些同类现象，如果前后几次观察的结果不同，你更要寻根究底找到正确的答案。

总之，在观察时，你一定不要止步于当下的现象中，而应该不断怀疑、努力求证，这样的观察才能取得成果。

第12章 行动能力——远离懒惰，剔除成绩差的病根

人们常说："勤奋源于执着，永不放弃，永不松懈。"的确，一个人若希望获取成功，就必须付出努力，这是不变的真理。而尚处于青春期的你可能认为，我年纪还小，还有大把的时间挥霍。而实际上，人生短短数十载，是否拥有立即执行的行动力，将直接影响你的一生。也许你认为可以明天再努力，但没有比今天更重要的日子，你生活在今天，就要做好今天的事，抓住现在，每天进步1%，你就离成功进了一步。

率先行动者，总能率先成功

杰克·韦尔奇曾如此说道：如果你有一个梦想，或者决定做一件事，那么，就立刻行动起来；如果你只想不做，是不会有所收获的，而你也只会落得失望的结果。

可以说，生活中，人们都想成功，但却很少有人愿意为成功付出努力。而那些成功者之所以会成功，是因为他们即使害怕也会行动，而大多数人正是因害怕而没有作为。约翰·沃纳梅克——美国出类拔萃的商业家曾这样说过："没有什么东西是想得到就能得到的。"成功的人与那些蹉跎人生的人的最大区别，就是——行动！如果你能追溯那些成功人士的奋斗之路，你就会感叹："难怪他会做得这么好！"怎样的行动能获得最大的成功呢？答案是马上行动！

因此，每一位青少年朋友都应该认识到行动能力的重要性。现阶段的你虽然还是学生，每天都与书本、学习打交道，但你必须从现在起就锻炼自己的行动能力。因为在未来社会，执行是最重要的，执行力就是竞争力。成败的关键在于执行。

有个故事告诉我们行动的重要性：

有一个穷和尚和一个富和尚同住在一个偏远的地方。有一天，穷和尚对富和尚说："我想到南海去，您看怎么样？"富和尚说你凭什么去呢？穷和尚说："一个水瓶，一个饭钵就足够了。"富和尚说："我多年来就想租船沿长江南下，现在还没做到呢。你凭什么走？"第二年，穷和尚从南海归来，把去南海的事告诉了富和尚，富和尚深感惭愧。

人生目标确定容易实现难，但如果不去行动，那么连实现的可能也不会有。没有行动的人只是在做白日梦，所以心动不如行动，勇于迈出行动的第一步，你成功的机会就会提高，而光想不做，那你将永远没有实现计划的可能。

有人说世界上的人分别属于两种类型。成功的人都很主动，我们叫他"积极主动的人"；那些庸庸碌碌的普通人都很被动，我们叫他"被动的人"。仔细研究这两种人的行为，可以得出一个成功原理：积极主动的人都是不断做事的人。他真的去做，直到完成为止。被动的人都是不做事的人，他会找借口拖延，直到最后他证明这件事"不应该做"、"没有能力去做"或"已经来不及了"为止。

不难发现，我们生活的周围，很多人都对未来做出了各种各样的构想，但真正执行的人，却少之又少。因此，作为青少年的你，必须从现在起凡事立即行动，进而提高自己的执行力。

世间的事情没有一件绝对完美或接近完美，如果等所有条件都具备才去做，只能永远等待下去了。如果一个人光想而不去做的话，根本成不了任何事。

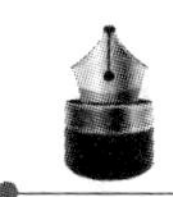

那么，青少年阶段的你们，从现在起，请记住下面两方面的建议：

1. 切实执行你的创意，以便发挥它的价值

不管创意有多好，除非真正身体力行，否则永远没有收获。

2. 遵从你内心的热情

如果你热爱什么，就大胆地去做吧。比如，在学习上，选择对你有意义并且能让你快乐的课，不要为了轻松地拿一个 A 而选课，或选你朋友喜欢上的课，或是别人认为你应该上的课。

“千里之行，始于足下；不积跬步，无以至千里；不积小流，无以成江海。”凡事要想做大，都得从小处做起，从眼前最基本的事物做起。如果一个人胸怀远大的理想，却不愿意一步一步去努力，那他永远也不会有美梦成真的那一天。

拖延会拖垮你的一生

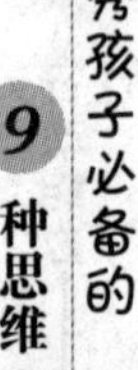

鲁迅说过：“伟大的事业同辛勤的劳动成正比，有一分劳动就有一分收获，日积月累，从少到多，奇迹就会出现”。

我们都知道，成功人士的优秀品质有很多，而做事绝不拖延肯定是其最重要的品质之一。对于青春期的你们来说，这个阶段正是形成良好品质和能力的重要时段，你要想在日后有所作为，就必须从现在开始养成立即执行的能力。

其实，拒绝拖延的行为习惯并不难。绝不拖延首先是一个态度问题，只要你坚持采用这种态度，久而久之，就形成了一种习惯，最后，这种习惯会融入你的生命，成为你展现个人魅力的优秀品质。正如持续改善的正面力量一样，拖延的反面力量同样强大。每天进步一点点，持之以恒，水滴石穿，你必将能成就自我；而每天拖延一点点，你的

惰性会越来越大，长久下去，你将跌入万劫不复的深渊。明代大学士文嘉曾写过一首著名的《明日歌》："明日复明日，明日何其多，我生待明日，万事成蹉跎。世人若被明日累，春去秋来老将至……"这正是对做事拖延的真实写照。

青少年朋友们，你不妨想象一下，在考场上，面对题目繁杂的试卷，你能够拖延吗？时间就是分数！你的拖延很可能使自己无法按时答完试卷。慌忙之中，你乱了阵脚，看错题，来不及做题，思路混乱，不能发挥自己的正常水平。于是，本应是状元的你结果却落榜了。由此可见，拖延的坏毛病是绝对要不得的！

而实际生活中，你会发现，每天还是有那么多的人在浪费自己的生命。伍迪·艾伦曾说过："生活中90%的时间只是在混日子。大多数人的生活层次只停留在为吃饭而吃，为搭公车而搭，为工作而工作，为回家而回家。他们从一个地方逛到另一个地方，使本来应该尽快做的事情一拖再拖。"的确，在我们周围，也包括我们自己，在做事的过程中，因各种事由造成拖延的消极心态，就像瘟疫一样毒害着我们的灵魂，影响和消磨着我们的意志和进取心，阻碍了我们正常潜能的发掘，到头来一事无成，终生后悔。

那么，该怎样改正拖延的坏习惯呢？以下几点可供我们参考：

（1）承认自己有拖延的习惯，有意愿克服才能成功解决问题。

（2）找到拖延的原因。很多人迟迟不愿改正，是因为害怕失败，如果是这一原因，那么，你就强迫自己做，假想这件事我非做不可，这样你终会惊讶事情竟然做好了。

（3）严格地要求自己，磨炼你的毅力。爱拖延的人多半是意志薄弱的人，当然，磨炼自己的意志并非朝夕之事，需要你从小事、简单的事做起，并持之以恒。

（4）做好计划，要求自己严格地按计划办事。

（5）别总为自己找借口。例如"时间还早"，"现在做已经太迟了"，"准备工作还没有做好"，"这件事做完了又会给我其他的事"等，不一而足。

（6）坚持到最后，找到成就感。这样很容易让人对事情产生厌烦感。应该告一段落再停下来，会给你带来一定的成就感，促使你对事情感兴趣。

如果你想成为你理想中的人，最好这样开始：播下一种行动，你将收获一种习惯；播下一种习惯，你将收获一种性格；播下一种性格，你将收获一种成功。因为建功立业的秘诀之一就是：绝不拖延，立即行动！

光“说”不“练”肯定不行，这就要求我们平时要养成立即行动的习惯；一旦发生了紧急事件，或者当机会来临时，能作出强有力的反应。同时，当我们对一件事情有某种想法时，一定要设定完成期限，并告诫自己是无法变更的，这样一来，你就没有再拖延的借口。

尽量今日事今日毕，充实每一天

懂得重视时间，抓紧一分一秒可以争取竞争的主动权。学会充分利用每一天，能够使我们有限的生命结出更加丰硕的果实。

人生短短几十载，生命是有限的。如果我们浪费时间，工作和生活总是被那些琐碎的、毫无意义的事情所占据，那么我们就没有精力去做真正重要的事情了。社会上有很多人埋头苦干，却成就一般，如果他们充分利用了自己的时间和精力，绝对可以做出更有价值的事情来。

尚处于青春期的青少年朋友们，你同样要记住的是，无论是生活还是学习，无论大事还是小事，凡是应该立即去做的事情，就应该立即行动，绝不能拖延，要尽全力日事日清。的确，我们的一生中有很多个明天，但如果把什么都放在明天做，那明天呢？明天的明天呢？有句话说得好，“我们活在当下”，明天属于未来，我们只有把握好现在，才能决定明天

的生活。

青少年朋友们，你有过这样的经历吗？你在上学时会不会拖到最后时刻才交作业？或者经常快到考试时才马不停蹄地“开夜车”复习功课？几乎每个人都清楚地知道，拖延是不好的习惯，可是，你是否真正思考过，多年来由于拖延你遭受了多大的损失吗？

任何事，今日不清，必然积累。就像一根稻草，千万别看轻它，一根不起眼，但当一根根稻草堆成了山，再强壮的骆驼也会被它压死。

实际上，拖延并非人的本性，它是一种恶习，一种可以得到改善的坏习惯。这种坏习惯，并不能使问题消失或者使解决问题变得容易，而只会制造问题，给工作造成严重的危害。成功者从不拖延，而他们中的大多数人只是发挥了本身潜在能力的极少部分，因为他们对工作的态度是立即执行，所以把握了成功。那么，为什么我们还要逃避现实，还要忍受拖延带来的痛苦呢？

的确，你要明白，无论是谁，每天都有 24 小时。比之时间长河，人的一生是那样短暂。你只有抓紧每天有限的时间学习，才不会虚度人生，对此，你可以这样做：

1. 拟订每天的学习计划，并坚决完成

你每天睡前可以拟订一份计划书，是关于第二天要学习的内容，分为最重要的，其次的，不重要的，当你感觉良好的时候，先完成最重要的，然后依次完成其他，做任何事都需要有心思，心不在焉，效率不好，无所谓充分利用时间。

2. 以较小的时间单位办事

这样有利于充分安排和利用每一点点时间，一时节约的时间和精力或许不多，但长期积累，可节约大量的时间。

许多科学家、企业家、政治家办事常以小时、分钟为单位，而一般人常以天为时间单位。美国人办事常以小时、分钟为单位来计算，而我们办事常以一天、一周为单位来计算。

3. 多限时

人的心理很微妙，一旦知道时间很充足，注意力就会下降，效率也会随之降低；一旦知道必须在什么时间里完成某事，就会自觉努力，使得效率大大提高。所以，青少年朋友们，你可以充分发挥自己的潜力，多给自己限时办事或者学习。

从现在开始，你用“立即执行”的好习惯取代“拖延”，这样，你就能不断积累知识。并且，马上行动可以应用在人生的每一阶段，帮助你做应该做却不想做的事情。对不喜欢的工作不再拖延，抓住稍纵即逝的宝贵时机，实现梦想。

不找借口，总能找到出口

借口永远是弱者的象征，也是弱者的第一武器。因此，当你发现自己正在寻找借口时，赶紧控制自己，“悬崖勒马”。将你的精力转到如何才能最好最快改变局势、解决困难上！

人生在世，每个人都必须具备责任感，这不仅是对他人负责，也是对自己负责。而借口与托词，则是责任的天敌。凡是成熟的人，都要有责任心。任何一个成长期的孩子，都要学会毫无借口地行事。而现实生活中，缺乏责任感的青春期孩子并不少见。他们做一件事情不成功或者被批评的时候，总是找种种的借口，因为他们害怕承认错误，害怕被别人笑，或者只是想得到暂时的轻松和自我解脱。这样的孩子又怎么能真正成熟呢？又怎么能独当一面呢？

的确，在学习和生活中，你总会遇到一些困难，并且这些困难有时是不以人的意志为转移的，但是你却可以通过自身的努力来克服它。你不能等所有的外部条件都具备了再开始着手做事，你能做的唯有立刻行动，不找任何借口。

1952年，堪萨斯州托皮卡的奥利弗布朗黑人夫妇提起诉讼，要求托皮卡教育委员会允许他们的孩子在专为白人开办的学校上学。一审判决原告败诉。1954年，原告布朗以同样的理由，上诉到联邦最高法院，同时，一组分别来自堪萨斯、南卡罗来纳、弗吉尼亚和特拉华四州的关于中小学种族隔离教育的案件也上诉到联邦最高法院，联邦最高法院合并审理了包括布朗诉托皮卡教育委员会案在内的六个案件，并作出原告胜诉的最终判决：在公立学校中实行种族隔离是不平等的，是违反宪法的；公立学校应实行黑白合校。

布朗案的顺利执结，使美国黑人学生与白人学生取得了同等的受教育权，它为后来几十年美国在种族平等问题上取得实质性的进展奠定了基础，推动了美国社会的进步，在司法推动人权发展的宪政史上写下了重要一页。同时，美国调动军队协助法院执行的做法也得到了人们的一直称赞和推崇，在世界司法执行史上留下了浓墨重彩的一笔。

这次美国历史上具有划时代意义的执法事件，给我们每个人都上了一课：无论做什么，一旦决定了，就要做好，不找任何借口，这才是勇者的表现。

对此，处于青春期的你必须明白，要想做个成功的人，就必须具有成功的心态：不为自己找任何借口退缩，勇敢向前。

1. 摆正态度，把责任心放在第一位

的确，没有人愿意主动失败或者出错，这也是很多人的借口。但一个对待工作不小心不认真的人又怎能把工作完成得圆满出色呢。也就是说，不管你做什么事，摆正态度，才能减少失败的可能。

2. 不要试图让别人为你承担失职的责任

有些不负责任的孩子在出现问题时，首先考虑的不是自身的原因，而是把问题归罪于外界或者他人。这样的做法，不仅会让你养成推脱责任、而不去找方法解决问题的习惯，还会影响你的人际关系。

如果你有找借口的习惯，那么，请彻底把“借口”二字从你人生的字典中永远剔除，不要再做只想“如果”的人，而是做一个只想“如何”的人。“如果”和“如何”虽有一字之差，但却代表两种迥然不同的态度。“如果”只会让你推脱责任，逃避困难；而“如何”是一种积极的思维方式，它让你从失败中找根源，从而积极寻找更有效的办法和措施来解决问题。

用行动说话，才能高效地学习和做事

俗话说：“七分努力，三分机遇。”但偏偏有些人累死累活地干了一辈子，也不得出人头地，他们之中不乏精湛的技术、很强的个人能力，但最重要的原因是没有立即行动的执行力。

生活中，我们总能听到一些青少年朋友会为自己的行为找借口：约会迟到了，会有“路上堵车”、“手表停了”的借口；考试成绩不理想，会有试题太难、身体不舒服的借口；只要细心去找，借口总会有的。他们不是想方设法地去提高做事效率，而是把大量的时间和精力放在如何寻找一个更合适的借口上。那么，你有这样的弊病吗？如果细心一点，你会发现，但凡成功的人，都有个共同的特点，那就是他们总是少说话、多做事，做事效率很高，也就是他们具有很强的执行力。一个人缺乏服从执行力，就不会有高效率，就赶不上竞争对手，结果只能被淘汰出局。

我们来看看下面这个故事：

从前，有两个和尚，分别在两个不同的寺庙修行。而这两个寺庙分别坐落在相邻的两座山。这两个和尚每天早上都会见上一面。因为，在两山之间，有一条小溪，这两个和尚都会来挑水。

时间过得真快，转眼间，这两个和尚都在各自的寺庙修行了五年，他们也挑了五年的水。

突然有一天，左边这座山的和尚没有下山挑水，又过了一个星期，他还是没有下山挑水。右边这座山的和尚心想："我的朋友怎么了，为什么不来挑水了？难道生病了？我要过去探望他，看看能帮他做点什么。"

很快，右边这座山的和尚来到了他朋友的寺庙，但令他感到奇怪的是，他的朋友根本没生病，而是神采奕奕地在打太极拳。他好奇地问："你已经一个月没有下山挑水了，难道你们不喝水吗？"左边这座山的和尚说："来来来，我带你去看看。"

随即带着右边那座山的和尚走到了庙的后院，指着一口井说："这五年来，我每天挑完水、做完分内的工作后，都会抽空挖这口井。即使有时很忙，也是挖多少算多少。最后终于挖出了水。从那以后，我就不必再下山挑水了，每天就有更多时间钻研我喜爱的太极拳了。"

这位懂得挖井的和尚就是个智者，他不仅挖出了井，让自己不用再费力挑水，还能抽出时间钻研自己喜爱的太极拳。

这个故事同样告诉生活中的你们，要想高效率地做事，就必须学会立即执行，而不是找借口拖延。

那么，青少年朋友们，你该怎样高效地做事呢？你需要做到以下几点：

1. 你的人生要有一个明确的目标

有些人没有目标，整天糊涂度日，一生忙碌，到头来一事无成，遗憾终生。人生不在于时间的长短，而在于生活质量的高低，如果你不甘平庸，就从现在开始，为自己制定一个明确的目标，并为之努力吧！

2. 为实现自己的目标，制订出切实可行的计划，逐步实现目标

你若想成功，就要做到：一旦有了目标，就围绕目标想方设法积极行动，为早日实现自己的目标而奋斗不已。

3. 珍惜时间

社会发展到现在，闲暇在每个人的生命中，已经成为举足轻重、仅次于生活必需时间的第二大时间段。一个人要想有所成就，就应合理地安排时间，最大限度地提高时间的利用率。在成功的诸多因素中，天资、机遇、健康等都很重要，但把所有有利条件发挥出来的决定性因素是利用好每一分每一秒。

人生苦短，只有区区数十年光阴，在这有限的时间内，如何使自己的人生走向辉煌呢？我们无法延长时间，但我们可以追求效率。

瞻前顾后，你只能被人甩在身后

成功学创始人拿破仑·希尔说：“生活如同一盘棋，你的对手是时间，假如你行动前犹豫不决，或拖延地行动，你将因时间过长而痛失这盘棋，你的对手是不容许你犹豫不决的！”

生活中，我们常常需要做抉择——实行或者不实行，我们总是试图通过我们最精确的思维，获得我们最想要的结果。但实际上，很多时候，正是因为我们过多地思考，而导致了我们瞻前顾后，不敢行动，成功的机会也就在“做”与“不做”之间流失了，留下的也只有遗憾。

同样，对于尚处于青春期的你们来说，社会经验和人生阅历都不足，在做抉择时常常恐惧失败而瞻前顾后，但千万记住，不要延误时机，否则只会让你永在人后。的确，有时候，思虑周全不为过，但千万不能瞻前顾后。所谓不要瞻前顾后，就是不要考虑别人如何评价我们、如何看待我们、我们能得到什么回报、得到什么奖励表扬荣誉。别人的评价是在我们做的事情之后，而不可能在咱们的行动之前或同时；而且是在我们做过之后很久很久，才会有客观的中肯的评价。

请看《聊斋志异》中的一则故事：

两个调皮的牧童进了深山，看到一个狼窝，发现了两只小狼崽。他们准备带走这两只小狼崽，老狼看到后，心急如焚，于是准备抢回小狼崽。

聪明的牧童瞬间就抱着小狼崽分别爬上大树，两树相距数十步。老狼在树下准备救狼崽，但却发现两只狼崽被放在不同的树上。并且，一个牧童在树上掐小狼的耳朵，疼得小狼嗷叫连天，老狼闻声奔来，气急败坏地在树下乱抓乱咬。此时，另一棵树上的牧童拧小狼的腿，这只小狼也连声嗷叫，老狼又闻声赶去，就这样不停地奔波于两树之间，终于累得气绝身亡。

这只狼之所以被累死，原因就在于它企图救回自己的两只狼崽，一只都不想放弃。实际上，只要它守住其中一棵树，用不了多久就能救回一只。我们没有理由说狼很笨,因为有时人比狼还笨。古人讲:“用兵之害，犹豫最大；三军之灾，生于狐疑。”就是这个道理。

那么，如果你养成了犹豫不决的习惯，该如何克服呢?

1. 采用稳健的决策方式

有时候，你的大脑可能一个劲儿地陷入哪个好哪个坏的争论之中，事实上，只要没有明确的二者择一的必要，就不必太早做出决策。

2. 要养成独立思考的习惯

不能独立思考，总是人云亦云，缺乏主见的人，是不可能做出正确决策的。如果不能有效运用自己的独立思考能力，随时随地因为别人的观点而否定自己的计划，将会使自己的决策很容易出现失误。

3. 坚决按照某种原则执行

利与弊往往是事情的一体两面，很难分割。有的人明明事先已经编制了能有效抵御风险的决策纪律，但是，一旦现实中的风险牵涉到自己的切身利益时，往往就不容易下决心执行了。

4. 不要总是试图抓住一切

过高的目标不仅不能起到指示方向的作用，反而由于目标定得过高，带来一定心理压力，束缚决策水平的正常发挥。事实上，多数环境中，如果没有良好的决策水平做支撑，一味地追求最高利益，势必处处碰壁。

的确，你需要明白的是，培养自己的执行力极为重要，因为机会稍纵即逝，并不会留下足够的时间让我们去反复思考，反而要求我们当机立断，迅速做出决策。如果我们犹豫不决，就会两手空空，一无所获。

犯了错误就要立即改正

当我们遇到问题时，应该学会反省，反省自己的言行，反省自己的思想，我们要学会承担自己的责任。任何时候，学会反省自己，始终是最明智、最正确的生活态度。

我们知道，人无完人，任何人都难免会犯错，但人也有懂得改错的优点，也就是当意识到自己做错的时候，首先做的不是如何掩饰自己的错误，而是找到错误的根源，从自身找原因，不要推卸责任，责怪他人。

生活中的青少年朋友们，你们也应如此，一个成熟的人从来不害怕犯错，所谓君子之过如日月之蚀，和太阳、月亮一样，偶然有一点黑影大家都看得见，等一下就会过去，仍不失原有的光明。

当然，我们不难发现，的确有一些人，恰恰有了太多的借口，一个又一个堂而皇之的借口编织了原谅自我和存在合理的误区，以致轻易错过了一次又一次“改正、改善、改造”的机会。而君子错了就会勇于承认，所以一经发现过错，就要勇于改正，这才是真学问、真道德。

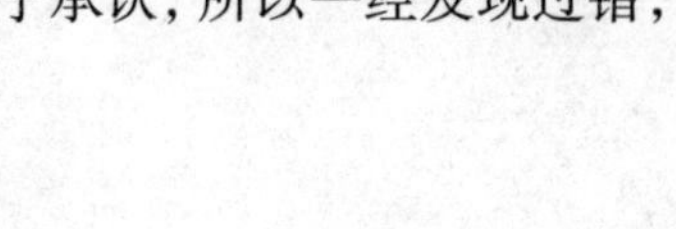

什么是真正的过错？一个人有过错不要紧，过而能改，善莫大焉；如果有过错而不肯改，这才是真正的过错。

这一启示告诉生活中的你们，你若想逐步完善自己，就必须摒弃任何借口，主动改正错误。为此，你需要做到：

1. 挖掘出自己需要改进的地方

（1）性格弱点。人无法避免与生俱来的弱点，必须正视，并尽量减少其对自己的影响。比如，如果你独立性太强，可能在与人合作的时候，就会缺乏默契，对此，你要尽量克服。

（2）经验与经历中所欠缺的方面。“人无完人，金无足赤”，每个人在经历和经验方面都有不足，但只要善于发现，努力克服，就会有所提高。

2. 自我反省

当你获得一定的荣誉、取得一定的成绩后，最难能可贵的就是胜不骄败不馁，懂得自我反省，才会不断进步。

3. 正视自己，不要害怕犯错误

人无完人，谁都有可能犯错。关键是你要告诫自己，下次不能再犯。相反，假设你在做事前就谨小慎微，暗示自己绝不能犯错，那么，你反而因为有心理压力而做不好，而且，害怕犯错误会让你倾向于掩盖错误。你会离“谦虚”这两个字越来越远。若想不再害怕犯错误就要从现在开始，正视错误并积极主动地改正错误。当自己犯错的时候，首先想到的就是怎样挽回，而不是怎样逃避。

4. 不要太在乎面子

美国街头有一名男子，弹着吉他，为过路的人弹唱。有一个中国姑娘路过，很吃惊！问这男子，你这么年轻为什么在这街头卖唱？这男子也很吃惊，说道，我觉得这样很好呀！这样能给大家带来幸福！我每天过得很充实，不觉得低贱。难道金钱就可以决定幸福与否吗？

青春期阶段，你们已经对面子有了自己的定义，这种心理也具有

一定的普遍性，要调整这种心理状态，应该客观地认识自己、认识面子问题，不要对自己提出超出实际的期望值。这样，你就能改正吹嘘自己的缺点。

青少年朋友们，你要做一个善于自我反省和自我纠错的人，只有这样，你才能够发现自己的缺点或者不足，然后加以改正，使自己不断进步，并扬长避短，发挥自己的最大潜能。

第13章 表达能力——生动地阐释自己的想法

现代社会，是否会说话、能否掌握语言的艺术，无论是对于个人发展还是在日常交际中，都毋庸置疑显示出了无可替代的重要性。正如戴尔·卡耐基说："一个人的成功约有15%取决于技术知识，85%取决于口才艺术。"因此，任何一个成长期的青少年朋友，都应该认识到修炼表达能力的重要性，并在日常生活、学习和与人打交道的过程中大胆练习，最终把自己历练成为一个说话有说服力的人。

别恐惧，练习当众说话

恐惧是良好表达的天敌，一个人在"不敢说"的前提下是"说不好"的，唯有卸下恐惧的包袱，在语言中注入自信的力量，你才能成为一个敢于表达的人。

我们都知道，口才的力量是巨大的，它可以把两个陌生的人由陌生变为熟悉，由熟悉变成知己或亲密的朋友；在求人办事的过程中，即使没有门路，也能打开交际之门；它甚至可以叱咤风云，一句话抵得上千军万马，让你在瞬间提升个人魅力……可以说，当今社会，口才已经成为衡量人才的重要标准。十几岁的孩子们，正处于性格形成阶段，更需要训练自己的表达能力。然而，在此之前，你必须让自己自信起来，如果你心存恐惧，那么，你可以通过练习当众说话来激励自己。

在朋友的眼中，小雨是一个特别自信的女孩。在与别人说话时，她完全像个成熟的小大人一样落落大方、毫不畏惧。每当有人问起“你为什么这么自信”时，小雨都要讲起小时候的故事——从小到大，父母都特别宠爱她，然而，小雨一直很害羞，家里来了亲戚，她都会躲起来；她一在陌生人面前说话就脸红。后来，为了帮助女儿克服恐惧，父母鼓励小雨经常在众人面前说话，如参加社区的少儿才艺比赛，上课时要积极发言。说来也奇怪，过了一段时间，小雨好像变得自信起来，而现在的小雨已经长大成人了，已经在一家知名的文化单位找到了满意的工作，她始终是个特别自信、特别阳光、性格开朗、人缘特别好的女孩。

这里，我们看到了一个害羞的女孩通过练习当众说话逐渐变得健谈、自信起来。可见，练习当众说话是消除表达恐惧的一个重要方法。

可能有些青少年朋友会说，我一在众人面前说话就紧张，该怎么克服呢？对此，你可以做到以下几点：

1. 积极暗示，进而淡化心理压力

你不妨以林肯、丘吉尔这些成功的演讲者为榜样，他们的第一次当众演讲都会紧张的，可以试着在心里进行自我暗示：紧张心理的产生是必然的，也是不能避免的，我不该害怕，我只要做到认真说话，就一定能说好。抱着这样的心理，你的紧张心理会慢慢得到缓解。

2. 事先应做好充分准备

准备充分，自然能自信上场。也就是说，在你开口前，你要想好自己到底要表达什么，怎样才能表达好，做好这几方面的准备工作，就没什么可担心的了。

3. “漠视”听众，不必患得患失

法拉第不仅是英国著名的物理学家和化学家，也是著名的演说家。

他在演讲方面取得的成功，曾令无数青年演讲者钦佩不已。当人们问及法拉第演讲成功的秘诀时，法拉第说："他们（指听众）一无所知。"

当然，这里，法拉第并没有贬低和愚弄听众的意思。他说的这句话是要告诉我们，建立信心，才能成功表达。

事实上，可能很多孩子在当众说话时，都过多地考虑了听者的感受，害怕听者能听出自己的小失误，其实，你大可不必有这样的想法，因为，在说话时，谁都可能犯点小错误，没有谁会放在心上。再者，即使讲错了，只要你能随机应变，不动声色地及时调整，听者是听不出来的。即使有人听了出来，只会暗暗钦佩你的灵活机智，对你会有更高的评价。

任何一个青少年朋友，都要敢于在众人面前说话，并经常练习当众说话，唯有这样，才能不断消除表达时的恐惧，成为一个会说话、会表达的人。

学会即兴演讲

"工欲善其事，必先利其器。"要想会说话，说好话，首先必须充实知识，掌握知识这一利器。这一点，在即兴演讲中尤为重要。

关于说话，可能很多人认为，谁不会讲话，人一生下来就牙牙学语。然而，说话是一门口才艺术，而且是一门很重要的艺术，并不是所有人都能驾轻就熟。为什么有的人虽然运筹帷幄，决胜千里，但讲起话来却结结巴巴，词不达意。相反，有些人貌不惊人，但说起话来却口若悬河，滔滔不绝，妙语连珠？这就考验了一个人的说话能力。

其实，我们每一个人，尤其是性格、能力处于形成期的青少年孩子们，都希望在社会舞台上展示自己，也希望能说会道，谈吐有致，可就是嘴巴不争气。良好的谈吐可以助你成功，说话木讷令人坐立不安。而如果你掌握了即兴演讲的技巧，势必能在表达能力上有所提高。

那么，什么是即兴演讲呢？所谓即兴演讲，就是在特定的情境和主体的诱发下，自发或被要求立即进行的当众说话，是一种不凭借文稿来表情达意的口语交际活动。演讲者事先并没有做任何准备，而是随想随说，有感而发。

相对来说，生活中，人们在说话时多半是即兴的。比如，朋友相遇时的寒暄、酒桌上要言不繁的祝辞等，每个人都不可能拿着稿子去念。因此，即兴讲话对于我们每一个人来说都非常重要。如果不懂即兴讲话的技巧，遇事则脑门充血，无言以对，颠三倒四，哼哼唧唧。

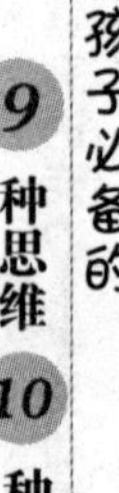

诗人流沙河在全国青年散文大奖赛颁奖活动后，与获奖者同船去成都旅游途中作了非常精彩的即兴演讲：

各位乘客同志，你们好！你们是散文的获奖者，都上了这条船，方方的薄薄的一条小船，要渡到对岸去找读者。我不是散文的获奖者，不能代表各位讲话。俗话说："百年修来同船渡。"我与各位有缘，各位彼此也是有缘。我们大家修行积德，今夜同舟一渡，不说几句，岂不辜负如此良缘？读者在对岸，今夜看不见，我就讲给你们听吧！

这段开场白虽然简短，却语重心长，感情深沉。接着，演讲就以旅行路线为经，以各种幽默的比兴为纬，编织出一幅绚丽的图画，将路途景致与自己对散文家们的祝愿联系一起，可谓一波三折，别开生面。

主题是即兴讲话最重要、最关键的内容，是整个表达的根本依据。讲话时每一层次、每一段落、每一句子、每一个词都反映着一个意思，这些意思都要统率于主题之下。因此，即兴讲话要寻找触点，临场发挥，及时提炼新颖而典型的主题。当然，即兴演讲时选择的话题不能故意兜圈子，不能离题万里、漫无边际地东拉西扯，否则会冲淡主题，也使听众感到倦怠和不耐烦。演讲者必须做到心中有数，还应注意点染的内容必须与主题互相辉映，浑然一体。

然而，对于青少年朋友来说，除了学会即兴演讲的一些基本技巧外，平时的知识积累更为重要。因为知识积累可以丰富口语表达的内容，可以使口头表达更加准确、更加生动。

一次，据说某高官挺胸凸肚出现在齐鲁大学校庆演讲台上。未开口倒也威风凛凛，大有学界泰斗之状；口一张，原形毕露，信口雌黄，粗俗不堪。令满座师生愕然，哗然，昏昏然。内容大致有："诸位，各位，在齐位：今天是什么天气？今天是演讲的天气。开会的人来齐了没有？看样子大概有个五分之八啦，没来的举手吧！很好，都到齐了。你们来得很茂盛，敝人也实在很奎屯论坛感冒……"

这位高官一开口便原形毕露，露出其"不学无术"的本来面目，在齐鲁大学校庆上出丑，就是其语言知识的匮乏所导致的。假设其是个腹有诗书之人，估计也不会闹出如此笑话。

总之，只有有一定的知识广度的人才能在短暂的准备时间内从脑海中找到生动的例证和恰当的词汇，为即兴演讲增添魅力。这就要求每一个青少年朋友在日常的生活和学习中加强自己的知识储备。

语言凝练，字字珠玑

说话时，你只有做到轻重缓慢适宜，吐字清晰有力才能使语意分明，声音色彩丰富，语气生动活泼，语言信息中心突出，从而引起听者的注意，引导听者的思路，易于被听者理解和接受。

在生活中，你仔细观察就会发现，有的人说话言简意赅，句句说到点子上，能击中问题的要害，很快营造了强大的气场，控制了别人的思想。而有的人尽管表达了很多，但是让人听着云里雾里，不断地打擦边球，根本没有涉及核心问题，被人轻视和不重视。事实上，不是他们在态度上有差异，而是因为他们表达的能力不一样。会表达的人往往能做到语言凝练、字字珠玑、绝不啰唆重复。

每一个青少年朋友在修炼自己的表达能力的同时也要注意这一点，为此，你需要从以下三个方面努力：

1. 了解你要表达的中心、重心、要点

任何问题都有中心和重点，找到了这个中心和重点之后，说话的时候才能有的放矢，才能知道什么话该说，什么话不该说。所以，迅速找准谈论的中心是言简意赅的前提和基础。否则，眉毛胡子一把抓，只能惹人厌烦。

2. 懂得表达，语言表达清晰、稳重、不啰唆

交谈中，语言表达的轻重缓急也是很有讲究的，该让对方听清的地方就要缓一些，不重要的信息就可以一句带过。如果张口结舌或连珠炮似的大讲一通，对方就会感到一种急迫感，从而心生不信任。

要想说话不啰唆，其实只需挑重点说就行，其他次要的内容，要么不提，要么一言以蔽之，只有这样才能保证你的发言在最短的时间之内收到最好的效果，否则，即使你滔滔不绝说半天，听者却丝毫不知其然。

当然，要想使自己的表达清晰，你还需要做到：

（1）控制你的语速。要运用恰当的语速说话，是控制语调的主要技巧。在需要快说时，语速流畅，不急促，使人听得明白；在需要慢说时，不能拖沓，要声声入耳。语速徐疾、快慢有节，才能使言语富于节奏感。听者处在良好的倾听环境里，才能不疲劳，并且增强语言的感染力。

（2）发音正确、清晰、优美。以声音为主要物质手段的语音的要求很高，既要准确地表达出丰富多彩的思想感情，又要悦耳爽心，清晰优美。为此，你必须认真对语音进行研究，努力使自己的声音达到最佳状态。

（3）除了语速，演讲的节奏也是关系成败的一个重要因素。人们在说话、朗读和演讲中，速度的快与慢、情绪的张与弛、语调的起与伏、音量的轻与重等变化对比就形成了节奏。节奏在口语中起着重要作用。

3. 适时沉默

任何沟通都是双向的。赢得人心需要拥有好口才，但绝不可卖弄口才。有些人总希望用出色的口才让对方产生信任感，但却忽略了一点，那就是，人们通常会以为那些巧舌如簧、太能说的人是不值得信任的。因而，我们在与对方交谈中不仅要有度的表现，还需要巧妙的沉默。

当然，你若希望自己在人际交往中语言有震慑力，能攻破他人心防，那么，你最好在日常生活中就开始锻炼自己说话能力，毕竟，世上无难事，只怕有心人。平日里多注意，多锻炼，你说话定可以言简意赅、字字珠玑，一出口就能击中对方的要害。因此，加强持久的练习是手段。具体来说，可以通过辩论赛、讨论会以及多参加演讲的方式来练习。

看人说话，选择合适的交谈方式

语言的内容是我们平时非常重视的，说话不能只按照自己的思路走，要考虑对方对自己所说的话是否有兴趣，要考虑对方的立场，以及自己的观点能够被接受的程度。

中国人常说："到什么山上唱什么歌。"俄罗斯也有谚语："语言不是蜜，却可以粘住一切东西。"这两句话的意思都是说，与人交往，说话要有针对性，要有的放矢，说话时要看对象，根据交际对象来说话。青少年朋友们，你在培养自己的表达能力时，也要注意这一点。在说话时，你要学会注意听者的性别、性格、文化程度、文化背景、心理状态等因素。忽视其中任何一个因素，都可能导致"无的放矢"，甚至还会给自己当头一击。

具体来说，你需要注意的是：

1. 年龄

说话对象的年龄，是我们不可忽视的重要因素。对比你小的孩子

或同龄人，说话要坦诚、亲切；对老年人或自己的师长，则要尊重他们，让人感觉到你是有教养、懂礼貌的晚辈。

比如向不同年龄的人询问年龄，你应该选择不同的发问方式：

如果问比自己小的孩子，可问："你几岁了？"

问同龄人，可问："你多大年纪？"

问中青年，可问："您多大年纪了？"

问老人，则可问："您高寿？"或"您高龄？"

恰当使用不同的问语，就能取得满意的效果。

和老年人谈话要谦虚。我们常听到长辈教育后辈时说："我走过的桥比你走过的路还多。"这是很有道理的。老年人虽然接受的新知识比你少，可是他的经验比你丰富。因此谈话时，必须谦虚。另外，老年人不喜欢别人说自己年高，他们喜欢显得比真实年龄更年轻，或努力获得一个青年人的活力和健康的神气。所以与老年人谈话时，首先，不必直接涉及他的年纪，只提起他所做过的事，这一话题就能深入他的心，他也会觉得你非常惹人喜欢。

2. 性格

（1）与沉默寡言者交谈。

这种人的性格特点是：出言谨慎，反应冷漠，一问三不知，不轻易表明自己的想法，甚至你说什么，他都点头说好；遇事没有主见，往往消极被动，难以做出决定。面对这种人，首先，你需要主动出击，把握交谈的主动权，并充满自信地运用说话的技巧，多运用肯定性用语，多站在对方的立场来表达自己的观点，指出积极的建议。其次，不要强迫他说话，应该顺着他的性格，轻声说话，多提一些容易回答的问题来激发他的谈话兴趣。

（2）与夸夸其谈、先入为主人交谈。

这类人的性格特点是以自我为中心，喜欢在别人面前炫耀，并且说话的时候喜欢带有针对性，以挖苦他人、贬低他人为乐。与这种人交谈，我们不能卑下，必须在肯定自己高贵尊严的基础上适当

地肯定。另外，根据他们爱炫耀的特点，你不妨成全他、恭维他，表示想跟他交朋友。你可以赞扬别人对他们的看法以及他们与人相处融洽的能力。

（3）与生性多疑的人交谈。

这种性格的人，对你所说的话皆持有怀疑态度。总喜欢追问："是吗？""为什么？"与之进行交流时，态度要平和，言辞要恳切，而且要观察出他心里的矛盾所在，尽量避免存在矛盾的问题，以免双方发生争执，不欢而散。

话总是说给别人听的，说得好不好，是否有口才，不仅要看话语是不是恰到好处地表达了自己的思想感情，尤其要看别人能不能准确理解，是否乐于接受。而听话的对象是不同的，因此，懂得因人而异地说话不仅能表现出自己的素质修养，更能让对方在与你的谈话中感受到尊重与信任，这一点不可不知、不可不学。

任何人都不喜欢被质问

爱面子是人们渴望尊重的表现。因此，没有人喜欢被人质问、被人指责。因此，在与人交谈的过程中，无论如何，你都要管住自己的嘴，不能让他人颜面尽失。

可能很多青少年朋友都知道，在中国人的心目中，面子是尊严的代名词。生活中，很多人，无论何时，都为自己做足面子。丢失了面子，就丢失了光荣，失去了光彩，跌了身份，感到脸上无光，心中无味。因此，人们最厌恶那些指责自己的人，因为这会让自己丢了面子。这就告诉所有渴望友谊的你们，无论你的交往对象是谁，无论处于什么样的场景下，你都不要指责他、质问人，质问只会让他人厌恶你。

以前，有个很出名的画家，这天，他和他的弟子们去某画廊看画。

接待他们的是一位漂亮的小姐，小姐很敬业，总是亦步亦趋地陪在他们身边，并且不断地为他们介绍画廊的各种字画。

这会儿，画家停在了一幅字画前，并一字一句地读上面的诗句，有一张画是用草书题的，大概写得太草了，画家读着读着，突然停住了，应该是不认识这个字。此时，画廊的小姐脱口而出："您看不出来啊？是意思的意嘛！"只见画家脸色一沉，骂道："这里有你多嘴的吗？"接着一转身，怒气冲冲地走出画廊。

画廊小姐的错误之处就在于急于表现自己，让画家没面子，因为爱出头而造人嫉恨。

因此，生活中，当你和他人交谈时，不要总是为了表现自己而反驳和质问他人，质问只会让他人离开你。在他人意见与你不一致、对方意见已经明显错误、他人犯错的情况下，切勿指责，而一定要善于控制自己的情绪，要多考虑自己做事、说话的后果，要为自己留条后路，同时给别人留面子。

青少年朋友们，要想不说出指责他人的话，你需要做到以下两点：

1. 控制自己的情绪

的确，青春期是冲动易怒的年纪，但即使在这种情况下，也不要口出恶言，更不要说出"情断义绝"、"势不两立"之类过激的话。不管谁对谁错，都要控制自己的情绪，最好闭口不言。

2. 意见不一时，委婉指出

其实，当彼此意见不一时，不妨采取一些委婉的方式，来表达自己的观点。如果对方仍然坚持自己的观点，大可一笑了之。这样，即使是批评的意见，也可以使对方听得舒服，同样的内容可以使对方乐意接受，而且在极大程度上，可以激起对方的兴趣和热情，其作用往往超过一般的直言快语。

管好自己的嘴、不说不该说的话是训练你表达能力的前提，给别人留面子，也就是给自己挣面子。为此，在说话前，你不妨多考虑几分钟，

讲几句关心的话，为他人设身处地地想一下，就可以缓和许多不愉快的场面，不至于与朋友形成思想上的鸿沟，不至于让自己结怨树敌太多。

表达尊重，让对方感到自己是个重要的人

心理学家研究表明：每个人内心都有一种被需要、被尊重的渴望。这样才能满足内心中被认可、被肯定的需要。你需要尊重别人，别人才会同样地需要你、尊重你。这是建立和谐的人际关系的前提和基础。

中国人素来以谦卑闻名。谦卑是一种智慧，是为人处世的黄金法则，懂得谦卑的人，必将得到人们的尊重，必将被人们认同和喜爱，受到世人的敬仰。相反，那些为人傲慢、瞧不起别人的人，也最终会被他人瞧不起。

因此，任何一个青少年朋友，在表达自己观点的同时，你一定不要忘记尊重他人，只有让他人感受到自己是个重要的人，他才会从内心接受你。其实，这有一定的心理原因的，因为人都有一种获得尊重的需要，即对力量、权势和信任的需要；对地位、权力、受人尊重的追求，而你若能表达出对对方的尊重，那么，他的这一需要便得到了极大的满足。

同时，你需要记住的是，无论是从知识储备还是人生经验上，你需要学习的还有很多，抱着这样的态度表达观点，你就能远离傲慢。

那么，究竟怎样才能在言谈中表达你的尊重呢？

1. 说话时态度不妨诚恳一些

每个人都有心理戒备，尤其在没有确定对方的友善之前，这时候如果你太过高调，往往堵住了和别人建立平等互信的关系的大门。因此，你说话不妨诚恳一些，口气缓和些，语调温柔些，不要引起别人

心里的抵触和对抗，这样才能被别人欣赏和喜欢。

2. 不要卖弄你的口才

即使遇到意见不合的问题，也不可高声辩论，不要当面指责，更不要冷嘲热讽，甚至恶语伤人，而应语气委婉，各抒己见，尽量说服对方或求同存异。

3. 注意你的声音的分贝

与人交谈时，不要认为高声谈笑就是真实自然的表现，声音分贝过高，不仅会影响到别人，让别人觉得刺耳，还是一种无礼的表现，因此，你说话应轻声轻语，声音大小以对方听清为宜。

4. 不要打断别人的谈话

别人讲话时，话题突然被打断，会让对方产生不满或怀疑的心理。认为你不识时务，水平低，见识浅；认为你讨厌、反感这类话题；认为你不尊重人，没有修养。

5. 不着痕迹地夸大别人的优点

抬高别人，难免要说一些奉承话、恭维之词，把对方的优点加以夸张、放大。这样的话有明显讨好之意，因此，你在抬高别人的时候，一定要说得巧妙，最高明的做法是自然而然，不露痕迹。

6. 适当示弱

示弱是一种把优越感让给他人的表现。对此，在某些情况下，你可以装作自己没有把握或者没有能力去做一件事，“这道题我算了很久都不会，你能帮我看看是哪里出错了吗？”

当然，表达尊重、语言谦和也要把握好度，说话只是表达思想，说明事情，没有必靠语言来乞讨怜悯或掠取威严，你不必要唯恐别人不高兴，极力表现出毕恭毕敬的样子，唯唯诺诺、点头哈腰，堆砌一大套客套话，其实这只会被人瞧不起，而盛气凌人、出口伤人，摆出一副傲慢的姿态，会令人敬而远之，或觉得这人不知天高地厚，浅薄至极。正确的做法是不卑不亢、客气大方、讲究实在、有理有节。

不能直言，选择用委婉暗示的方式来表达

与人交谈，当开口时不能开口，你可以采用委婉暗示的方式来表达你的想法，这是必备的表达技巧。

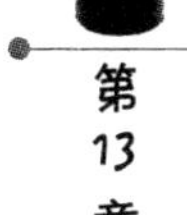

我们都知道，人与人之间的交往离不开语言，要想交流沟通成功，达到预期的目的和结果，很大程度上取决于运用语言的艺术，但并不是所有人都能掌握这门艺术。对于那些我们不便直言的问题，如拒绝别人、指责对方等，如果不顾对方的感受和情绪，把自己的想法强加给别人，不仅达不到我们预想的效果，还会恶化彼此之间的关系。此时，我们不妨尝试旁敲侧击的心理测量，委婉地暗示对方，对方接受起来也轻松得多。

不可否认的是，直来直去是很多青少年朋友的说话方式，他们认为拐弯抹角是不坦诚的表现，而实际上，表达的最终目的是让对方接受你的观点，有时候直接表达会伤害他人的感情、让他人产生逆反情绪等。所以，在修炼你的表达能力这一方面，你必须懂得如何运用轻松的方式来陈述观点。

有一个年轻人，去拜访苏格拉底，向他求教演讲术。苏格拉底没说几句话，这位年轻人不但不认真听，反而打断老师的话，自己滔滔不绝讲了许多，以显示自己的才能。苏格拉底说："我可以教你演讲，但必须收双倍的学费"。年轻人问："为什么要收双倍呢？"苏格拉底说："要教你两门课，除演讲外，还要上一门课：怎样闭住嘴听别人说话。"

从苏格拉底这段话里，我们能看出两层意思，在诉说之前一定要

倾听，倾听是诉说的前提；同时，他在表达自己观点的时候，并没有直接指出，而是采取委婉暗示的方法，这样，既指出了青年人应该改正的缺点，又不至于让青年人失了面子。在此，这名青年，应当正确会意，了解苏格拉底的“苦心”。

的确，很多时候，出于各种原因，我们会驳别人的面子，这种事情如处理不当，轻则伤害对方，让对方难以接受，疏远彼此间的关系，重则得罪人，结仇家。对此，你必须学会旁敲侧击，既表达了自己的意思，又让对方轻松接受。利用话里藏话暗示他人，是必需的表达技巧。

但选用这种表达方式，你还必须掌握三个基本功：

1. 会把握局势

首先要听出对方话中话，然后加以揣摩，这其中具备会观察的能力很重要。毕竟，生活中，很多人都喜欢用隐晦的语言、含沙射影地表达自己的弦外之音。再者，你必须学会掌控交际局势，若想对方接受你的暗示，你必须得站在有理的一边。

2. 要委婉含蓄地表达自己

话说得艺术，又让听话之人心领神会，明白你话中的锋芒所在。无论你遇到的是针对你的敌人还是帮助你的友人，你都必须具备会暗示和说话含蓄的能力。

3. 尽量在善意的氛围中旁敲侧击

有些人虽然接受了你的委婉暗示，但却是在迫不得已的情况下接受的，这种人一般会和我们“老死不相往来”，这不是你的最终目的。为此，你要懂得在不伤感情、善意的氛围中暗示对方，让他既能接受，还感激你“口下留情”。

当然，旁敲侧击的目的是调动潜意识的力量，因此，暗示的语言首先要精练，不能用复杂的语言进行描述，因为人的潜意识一般不懂得逻辑，而是喜欢直来直去。其次，一定要使用积极、肯定的语言，用肯定句进行暗示，尤其是在批评对方的时候，消极的语言暗示恐怕会适得其反。

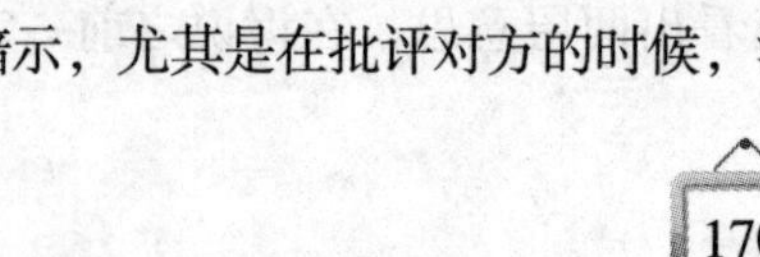

第14章 沟通能力——善于交流，更好地相互了解

我们都知道，人际交往，并非单纯的与人说话交流，更多的是一种技巧性的沟通。所谓沟通，就是要重视双方意见的传达，而不是一种单项的语言活动。因此，每一位青少年朋友，在修炼自己的沟通能力的同时，都应该学会从对方的心理角度考虑，这样的沟通才是有效的沟通。

让对方多说话，自己当配角

在沟通中，谁都希望自己做主角，如果你能在沟通中鼓励对方多说，自己当配角，那么，你一定能满足对方的这一心理需求，沟通效果也比你一味地陈述要好得多。

生活中，人们处处需要沟通，对于青少年朋友也是如此。学习中需要与老师、同学沟通，生活中需要与父母、朋友沟通，具备良好的沟通能力，才能让他人接受你的观点。

然而，在与人沟通这一问题上，可能你会存在这一心理误区，说得多就是有口才的表现。我们不难发现，我们的周围，也有很多人喜欢炫耀自己的口才，为了使他人接受自己的观点，他们总爱侃侃而谈，甚至口若悬河。殊不知，无休止地说话只会让别人产生反感。事实上，我们真正要做的，是尽可能多地让对方说，给对方创造说话的机会，把自己变成的听众，给发话者以呼应，或赞成，助其深入；或反对，让他告诉你他认为什么是正确的，这样才是把握了真正的话语主动权。

因此，青少年朋友，你需要明白，与人沟通的过程中，让对方多说话，并不会让我们丧失交流的机会，反而会有助于你达到沟通的目的。

关于如何更好地鼓励对方多说，以把握沟通的主动权，有如下一些技巧：

1. 集中注意力，用心地听

听人说话是一门大学问，有的人经常被别人说成“左耳朵进右耳朵出”，形容他听话总是记不住。其实，一般人在听别人说话的时候，能记住一半的内容就已经不错了。

造成效果这么差的原因有两点：一是因为听者的思考速度比说者的讲话速度快，因此有许多空闲的时间胡思乱想；二是当说者的论点与自己的观点不同时，后者就很难再听下去了。

为避免倾听效果不良，除了集中注意力用心听之外，最好的方法是：备妥纸与笔，记笔记。把谈话重点一一记下来，就不会忘记了。

2. 发问

对方说话时，原则上不要去打断，可是适时地发问，比一味地点头称是更为有效。一个好的听者既不怕承认自己的无知，也不怕向说者发问，因为他知道这样不但会帮说者理出头绪，而且会使谈话更具体生动。

可以提些诸如“你认为这就是问题所在”、“你的意思是……”、“你能说得明白一些吗”等问题。这些提问有助于你获得更多信息，并理解问题的各个方面。

3. 中立

像“嗯”和“真有意思”等中性评价性语言能表示你对谈话感兴趣，并鼓励对方继续说下去。这是最难的技巧之一，因为这要求你真正跟上对方谈话的主题。

4. 重复

可用“按我的理解，你的计划是……”“你是说……”及“所以你认为……”等句式。这些说法表明你在倾听，并明白对方的意思。重复的重要性在于让你尽早发现有无曲解对方。

5. 总结

试着用“你的主要意思是……”和“如果我的理解没错的话，你认为……”等说法。不要第一个下结论，先听他人的结论可能更有价值。

掌握以上几点鼓励他人多说话的技巧，相信对方一定会乐意与你沟通。

沟通不是演讲，不是个人表演的独角戏，而是双方交流的活动。在沟通中，只以自己为中心，好像他人都不存在似的，长久下去，必然会令人生厌。所以在与他人交谈时，给对方创造说话的机会，要比你自己说好得多。

良药苦口，忠言不必逆耳

在说服别人时，只要我们注意方式方法，就能做到忠言也能顺耳，才能让他人不仅不怨恨反而感激；而如果我们坚持“忠言逆耳，良药苦口”的原则，说话过急或过火，必然会招致对方厌烦。

日常生活中，可能很多青少年朋友都会产生这样的疑虑，不管怎么劝说也无法让爸爸妈妈认识到自己错了呢？为什么诚恳地劝朋友改正过失就那么难？其实，这都涉及沟通的问题。沟通无效，便会产生以上这些结果。可能你会说：“良药苦口利于病，忠言逆耳利于行”，但实际上，并不是所有人都能接受逆耳的忠言，过于直白生硬的说服，往往很难令人接受。因此，青少年朋友在培养自己沟通能力的同时，也要注意这一点，尤其是说服别人时，应该尽量采用委婉的说服方式，这样不仅可以让对方乐于接受你的说服，而且也会给你的说服留有回旋的余地。

齐景公在位的时候，雪下了三天不转晴。景公披着狐皮大衣，坐在朝堂一侧台阶上。晏子进去朝见，站了一会儿，景公说："奇怪啊！雪下了三天，可是天气不冷。"晏子回答说："天气真的不冷吗？"景公笑了。晏子说："我听说古时候好的君主自己吃饱了却想到别人的饥饿，自己暖和了却想到别人的寒冷，自己安闲了却想到别人的劳苦，现在您不曾想到别人啊？"景公说："好！我受到教诲了。"于是命人发放皮衣、粮食给饥饿寒冷的人。在里巷见到的，不必问他们是哪家的；巡视全国统计数字，不必记他们的姓名。士人已任职的发给两个月的粮食，病困的人发给两年的粮食。孔子听后说："晏子能阐明他的愿望，景公能实行他认识到的德政。"

这段文字记述晏子同齐景公的一段对话，提醒执政者要重视百姓疾苦。晏子劝谏，并不是采取直言的方式，而是从天气入手，让齐景公认识到自己不顾百姓疾苦的过失，进而产生了"我受到教诲了"这样的感叹。俗话说，伴君如伴虎，直言劝谏很可能招来杀身之祸，委婉劝谏才是既能让君王接受又能保全自己的最佳方式。

可见，在劝说他人时，如果你的意见是逆耳的，那么，你不妨改为其他说服的方式，或幽默、或含蓄地表达，让对方自己找出正确的方法，远比你直接指出来要好得多。

要想做到忠言顺耳又能说到对方心里去，你需要做到的是：

1. 先讲自己的过失

若你所有的批评和建议只提对方的短处而不提他的长处，对方心里肯定会感到不平衡，或者委屈。最有效的办法之一就是先讲自己的缺点和过错。

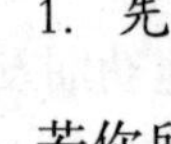

因为你讲出自己的错误，就能给对方一种心理暗示：你和他一样都是犯过错的人，这就会激起他与你的“同类意识”。在此基础上再去批评或给对方建议，对方就不会觉得失面子了，因而也就更容易接受你的批评和建议，你的忠言也通过顺耳的方式传递给了对方。这也算一种含蓄的方法。

2. 委婉表达，含蓄指出对方的过错

人都是有自尊心和荣誉感的，有的人之所以不愿接受批评或建议，主要是怕触伤自己的自尊心和荣誉感。为此，我们在给他人批评和建议时，如果能找到一种含蓄委婉的方法，反而更能达到使其改正错误的目的。

“良药苦口利于病，忠言逆耳利于行。”虽然说的是一个道理，但却不是日常交流中能运用的法则。因为人和人的感情不仅需要培养，更需要维护，而且规劝批评别人，正是出于维护的目的，那么，何不把苦口的良药也裹上糖衣呢？把劝谏的话说甜，甜到对方心里，对方必定接受并感激你！

赞扬别人要真诚

赞扬的作用，就是把他人需要的“荣誉感”和“成就感”拱手相送到对方手里。当对方的行为得到你真心实意的赞许时，他就获得了心理上的满足，也就会对你产生认同感。

生活中，可能你经常听到有些长辈这样夸赞你身边的朋友或同学：“这孩子嘴巴真甜。”那么，他肯定是个善于赞美他人的人。的确，人们都爱听好话，因为人们都有“被认可”、“被肯定”的心理需求，然而，只有那些真诚的、发自内心的赞美，人们才乐意接受。因为，在潜意识里，每个人都会对别人说的话做出分析和判断。很多时候，当一向

好话说得离谱、虚假时，人们便会产生厌恶的情绪。

为此，青少年朋友，当你在赞美他人时，也一定要谨记真诚这一原则。

心理学专家曾经做过这样一个实验：让两个人分别去赞美一个舞蹈跳得很好，但是却意外摔倒的姑娘。第一个人走上前去，一边笑一边说："你的舞蹈跳得太完美了。"第二个人走过去，拍了拍姑娘的肩膀，说了句"你很棒"。姑娘对第一个人的赞美，表现出非常厌恶的情绪，狠狠地瞪了他一眼，而对第二个人感激地说了声"谢谢。"

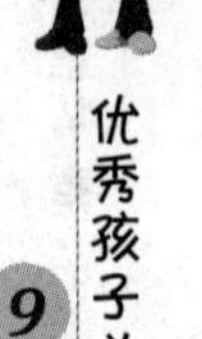

两个人同样表达赞美，为什么第一个人遭到了白眼，而第二个人却得到了感谢呢？对于这种现象，心理学专家作出了解释：人对外界的反应有一个基本的是非判断，从而迅速地恒定内心的安全感。对于友善的表情和动作，同样会做出友善的迎合，继而换来更大的友善；对于不友善的情绪，则同样给予敌意，以确保自己安全系数的最大值。

在生活中，这样的例子非常多。有一个女孩去参加魔术表演，期间，她无意中碰到了裁判老师，就在擦肩而过的一瞬间，她突然转身说了一句，"老师，你的裙子很好看"。老师先是一愣，很快，高兴地说："真的吗？这是我从北京买回来的。平日里很少穿的。"这天下午，比赛结束了，有两个魔术表演都非常不错，难分好坏，其中就有那个打招呼的女孩子的表演。裁判们在左右为难的时候，一位老师点了女孩的名，说："我觉得她的表演更胜一筹，表情比较丰富。"就这样，女孩在真诚地表达赞美之后，为自己赢得了老师的好感。可见，在赞美他人的时候，要表达得真诚些，这样才能赢得他人的好感。

那么，究竟如何才能让你的赞美表现得真诚些呢？

1. 赞美前要多了解对方

赞美别人之前要多了解别人，这样你才能把赞美的话说到点子上。如你刚与对方结识，并不知道对方的情况，就对对方说："一看就知道你是个学习成绩很好的人。"而实际上，对方的成绩一直不理想，那么，

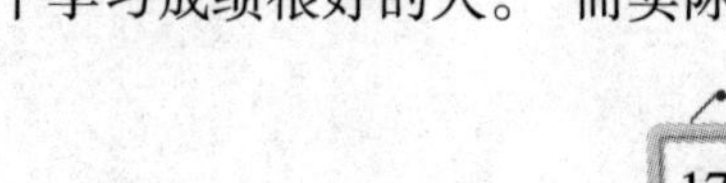

你的赞美自然会被当成耳边风。

2. 适当和对方进行眼神交流

在交流时，别人会通过你的眼神来甄别真伪。不要逃避和他人眼神的碰触，也不要四处游走，更不要望着天花板和地，人在说谎的时候，眼神都有这些反应。当然，要多往右上角凝聚，因为人在表达真诚的时候，往往眼神会往右上角转移。这样，别人会感受到你的真诚。

3. 言辞表达一定要恳切

要想表达真诚，最主要的还是在言辞上，要诚恳一些、热烈一些。用你内心迸发的热情来感染对方的情绪。比如，在赞美别人的优秀表现时，你要说："你真是太棒了！"在"太"上还要加重语气语调，让浓浓的敬佩之情，通过你热烈的表达传递到对方的心里。

总之，你需要记住的是，在表达赞美的时候，尽量表达得真诚一些，会为你赢得好感。

遇到他人攻击要忍耐

与人沟通时，遇到他人的恶意攻击，我们不要直接以辱骂回击，而应该一笑置之，其实，这就是最有力的回击。

我们都知道，青春期是躁动的年纪，在遇到问题时很容易冲动。当我们遇到他人的言语攻击时，多半都会采取以牙还牙的回击方式——辱骂回去。然而，这种方式并不利于问题的解决，甚至会恶化你的人际关系。而其实，如果你能迷糊一点，别与对方计较，那么，对方必当会因为你的修养而心生惭愧。

富兰克林出生在一个世代打铁的工匠家庭。12岁时小富兰克林流落到费城，有一个叫凯谋的阴险狡猾的人雇用富兰克林帮他管理印刷

铺子厂。当时富兰克林已经是一个熟练工人，他想，既然答应接受这份工作，就应该尽力做好。于是，他每天教其他工人一些技术，甚至把自己发明出来的制作字模的方法也传授给了这些人。

过了一段时间，凯谋发现自己廉价雇用来的工人已经基本掌握了排版印刷技术，于是就开始无缘无故找富兰克林的麻烦，无端克扣他的工资。富兰克林说："凯谋，别绕弯子了，你可以赶我走，不过，你放心，我富兰克林不会因为你的卑鄙就传授给他们错误的技术，将来你解雇他们的时候，他们凭借自己的手艺也可以很容易地找到工作。"说完，富兰克林收拾行李就离开了铺子。

富兰克林的做法是对的，不与卑鄙小人置气，选择离开，是避免伤害自己的最好办法。

人生需要更多的智慧，人生也必须有智慧能力解决问题。不以消灭对方或简单暴力结束彼此关系，可以给自己和冲突方最大的回旋余地，何乐而不为？比如，对待一个长舌妇，以牙还牙就失去了身份。一笑而过、沉默不语未必不是一种很好的还击方法，必将使之气滞羞愧。

可见，在生活中，在遭到他人言语攻击时，如果你能大度一点，放下因对方不快的言语对我们造成的伤害，便可巧妙地避免麻烦和纠纷。

为此，在遇到他人言语攻击时，你可以这样想想：

如果他是恶意的攻击的话，你可以一笑了之，那你别担心，因为一定是你在某一方面做得很好，可能他出于嫉妒的心理，所以对于这一类人你可以不用管他，继续走自己的路，唱自己的歌，做自己应该做的事，完全没有必要进行所谓的"报复"，因为报复的代价实在是太高了，最终会伤到自己的，你大可放心做自己需要做的事。

但如果那人是出于一片好心对你进行言语攻击，就说明你在某方面做得不够好令他失望了，那你首先要"负荆请罪"感谢他，然后找出自己的毛病并改正，努力做到最好！

面对别人对你的语言攻击，尤其是让你生气的那一类攻击，只要你不生气，就是最好的反击，如果加上微笑，那就更完美了。

记住对方的名字

虽然我们常说名字只是一个称呼，但我们每个人都格外在乎他人是否能记住我们的名字。同样，如果我们与那些打过一次交道的人再次见面时，能第一时间叫出对方的名字，对方一定觉得你很亲切，也觉得备受尊重，自然就会对你产生好感。

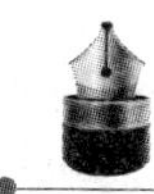

生活中，可能你曾有过这样的经历：在一些偶然的场合，你被曾经只有一面之缘的人叫出了名字，心中难免分外高兴，因为感到自己被人尊重，顿时觉得暖意融融。同时，你也可能会遇到这样的尴尬事：上学途中，遇到附近的熟人，突然将他（她）的姓名忘记了。此时如何是好？要么以“你好”或“您好”相称，要么招手示意、一笑了之。不管怎么蒙混，总觉得对对方不太尊重。的确，每个人的内心深处，都渴望别人的在乎、关注和尊重！而关注、尊重他人很重要的一步，就是叫出他人的名字！

一位学者曾经说过：“一种既简单但又最重要的增加亲近感的方法，就是牢记别人的姓名，并且在下一次见面时喊出他的姓名。”

在日常生活中与人沟通时，你应留心对方的名字，并适时叫出对方的名字，那么，你一定能获取好感。

据说美国前总统罗斯福记忆人名的能力惊人。

一家曾为美国历届领导人制造小汽车的汽车公司，在一次聚会上，张伯伦曾把机械师坎茨介绍给总统。几年后，当张伯伦带着机械师坎茨再次见到总统时，罗斯福首先热情地和他们握手，亲切地叫着他们的名字，这使张伯伦和机械师都特别兴奋。为报效总统的异常记惦和知遇之情，回到公司后，他们精心设计，用将近一年的时间，专门为罗斯福制造出了一辆特别坚固精致的小车。

相对于普通民众来说，国家领导人高高在上，而罗斯福却能记住他们的名字，这就是一种尊重。

然而，你可能有这样的疑问，每天与自己打交道的人那么多，该如何记住他人的名字呢？对此，你可以借鉴拿破仑三世的做法。

法国皇帝，也是拿破仑的侄儿——拿破仑三世得意地说，即使他日理万机，仍然能够记得每一个他所认识的人。

他的技巧非常地简单。如果他没有清楚地听到对方的名字，就说，“抱歉。我没有听清楚。”如果碰到一个不寻常的名字，他就说，“怎么写法？”

在谈话过程中，他会把那个人的名字重复说几次，试着在心中把它跟那个人的特征、表情和容貌联系在一起。

如果对方是个重要的人物，拿破仑就要更进一步。一等到他旁边没有人时，他就把那个人的名字写在一张纸上，仔细看看，聚精会神地深深记在他心里，然后把那张纸撕掉。

这样做，他对那个名字就不只是有眼睛的印象，还有耳朵的印象。

这一切都要花时间，爱默生说，“是由一些小小的牺牲组成的。”事实上，曾经的你之所以会遇到忘记他人名字的尴尬，多半是因为你认为这是一件没有意义的事或者根本没有下工夫去记，而且，你可能为自己找出一个“我每天都要学习，没时间”的借口，但你不会比拿破仑三世更忙，所以，从现在起，要想拥有良好的人际关系，不妨从细节开始，从记住对方的名字开始吧！

欣然接受他人的批评和建议

当你被人批评、毫不留情地指出失误和不足时，你不妨反思一下：可能是你真正存在需要改进和完善的地方，你还做得不够好以至于得不到别人的认可和赞赏，你还需要自我检讨和反省。

一代明君唐太宗李世民曾说过：“以铜为镜，可以正衣冠；以古为镜，可以知兴替；以人为镜，可以明得失。”贞观之治乃至大唐盛世的出现，可以说是太宗听得进宰相为证的逆耳忠言。但同时，中国历史上，能虚心接受批评的帝王将相并不多，正因为如此，他们常亲小人远贤臣，最终被小人推进火坑，落得凄惨悲凉的下场。可见，“批评是一门艺术，然而接受批评更是一种气魄”这句话的正确性。

处于成长期的青少年朋友，更要明白一个道理，虚心接受别人的批评和建议，不仅能帮助你不断完善自己，少走很多弯路，还能让你在沟通中畅通无阻。

可能你在生活中也曾遇到了一些批评你的人，你也会产生这样的想法：他怎么老是看我不顺眼？这个人真是讨厌，处处跟我作对，你甚至会对其恨之入骨。而实际上，你是否想过，你的确存在很多需要改进的地方，比如，你的学习方法是不是真的有问题？你待人处世的态度是不是需要改进？为什么你交不到知心的朋友等。

其实，你可能没有意识到，你之所以听不进他人的意见，是因为你有一个弱点，你认为一旦接受了别人的批评就等于服从他人，就没了面子，而实际上，欣然地接受别人的批评，不仅能帮助我们成长、弥补自身不足，更能树立我们在他人心中谦逊的形象，从而拉近人际间的关系。

比如，被老师批评了，你首先要有一个良好的认错态度，并能认识到自己的过错，在此基础上，你要虚心接受老师的“调教”。欣然接受老师的指教，不仅能帮助你改正学习上的一些不足，还能获得老师的好感，这对于师生关系的改善非常有帮助。

可见，如果你能听进别人的批评，然后自身找问题，发现自己的不足之处，虚心地接受和改正，并不断地完善自己，这将是你一生中宝贵的财富，其价值远远超过了对方批评你时直接的说话方式，或者说伤害到你的感受或自尊的程度。

对于成长期的你来说，你需要认识到的是，有人批评甚至咒骂并非坏事，有人这样对你，至少说明你是个有价值的人。当别人批评你时，你千万不要为此不悦，反而你应该欣然接受，他无偿地告诉了你现在正处于什么样的位置，你应该怎么做才能更好。很多人都不愿意接受别人的批评，或者不敢面对别人的批评。

其实，有了这些批评，你的进步会更快，你更能认识了解自己。对于这样的收获，你应该向批评我们的人表示感谢！从这个角度想，你会意识到是他让你从迷茫中醒悟，然后你才可以重新认识自我、审视自我。那么对方也会对你刮目相看，你的人际关系也会融洽！

多请教，虚怀若谷

谦和就是一种虚怀若谷的品德。人类成熟的重要标志之一就是谦逊。当一个人把谦逊当做美德发扬时，这个人也就具备了感人的魅力。

中国人素来以谦卑闻名。谦卑是一种智慧，是为人处世的黄金法则，更是巧妙攻克他人内心的语言策略。与人沟通的过程中，那些懂得请教他人、说话虚怀若谷的人，必将得到人们的尊重，必将被人们认同和喜爱，受到世人的敬仰。

然而，我们也经常发现，好胜心强是很多青春期孩子身上的特点，

在与人交往的过程中，他们渴望成为焦点，一旦不能为大家所共同关注，他们便发脾气，同时，他们会认为他人的帮助理所当然而不知道感谢。如果你是这样的人，你一定要逐渐改正。与人交往，要虚心，多看看他人的优点和长处，要通过自己的努力不断超越别人、战胜自己。有一天，当你学会了事事处处接纳他人、理解他人、信任他人，不仅会发现他人的许多优点，而且也会容忍他人的某些不当之处，求大同存小异。这样，你的人际关系就会变得融洽和谐。

春秋时代，孔子被人们尊称为“圣人”，他有弟子三千，大家都向他请教学问。他的《论语》是千百年来的传世之作。

孔子虽然学问渊博，可是仍虚心向别人求教。有一次，他到太庙去祭祖。他一进太庙，就觉得新奇，向别人问这问那。有人笑道：“孔子学问出众，为什么还要问？”孔子听了说：“每事必问，有什么不好？”他的弟子问他：“孔圉死后，为什么叫他孔文子？”孔子道：“聪明好学，不耻下问，才配叫‘文’。”弟子们想：“老师常向别人求教，也并不以为耻辱呀！”

这就是孔子“不耻下问”的故事，一个学问如此渊博的人都谦逊于人，何况我们呢？

为此，与人沟通中，要想表达你虚怀若谷的态度，需要做到：

1. 多审视别人的长处和自己的短处

因为具有骄矜之气的人，大多自以为能力很强，很了不起，做事比别人强，看不起别人。由于骄傲，则往往听不进别人的意见；由于自大，则做事专横，轻视有才能的人，看不到别人的长处。因此，待人处世要多审视自己的短处，看到别人的长处，才能逐渐变得谦卑。

2. 受他人指教时多倾听

老师、长辈向我们传达经验的时候，我们尽量不要打断对方说话，大脑思维紧紧跟着他的诉说走，要用脑而不是用耳听。

3. 主动向他人请教

你的人生才刚刚开始，你需要学习的东西实在太多，切不可恃才傲物。无论是学习上的问题还是生活琐事，你都应该虚心地向他人请教，你请教的对象可以是老师、家长、同学，甚至可以是陌生的路人。

4. 认真听取别人的意见

如果有人当面向你提意见，那么，你千万不要不耐烦，也不要随便打断对方的谈话。无论对方的观点是对是错，你都不要贸然地反对或者批评对方："你这是废话"，"错了"。即使你有这样的念头，你也不要表达出来，以免刺激对方，使他们心灰意冷，甚至对你转变为敌对立场。

5. 谦卑不是客套

无论是语言还是行为，只有发自内心，才能真正打动人。然而，我们发现，生活中，就是有这样一些人，习惯把"请"，"对不起"挂在嘴边，给人的感觉是过分客套，令别人难为情，这就很难说是真诚。这里缺少点什么呢？就是坦诚和直率！人们喜欢与谦逊的人交往，但却不喜欢过分客套，直抒胸臆，坦诚待人，更能吸引他人。

当然，做人要谦和，并不是要你事事都听从他人，过分顺从就是奴性。人与人之间的关系只有相对平等，才能彼此尊重，互相景仰，才能互换爱心。

第15章 交际能力——敢于表现，赢取他人的认可

当今社会，交际能力已经成为评定人才的重要标准。因此，作为未来接班人的青少年朋友们，无论你将来从事什么工作，要想有所成就和突破，你就必须从现在起修炼一项最基本的本领——有的放矢地与人交往，当你拥有丰厚的人脉资源后，成功路上你已走了一大半。

穿着花点心思，给人留下良好的第一印象

人际交往中，人们对于他人的第一印象往往取决于视觉效果，在穿着上花点心思，做到干净、整洁，符合现代交际规范，才能给人留下良好的第一印象。

古人云："人靠衣装，佛靠金装。"自古以来，着装永远是个盛世不衰的话题，着装关乎一个人的外在形象，在交际中，着装的作用就更明显了。尤其在与人初次打交道时，得体、有品位的服装能给别人留下良好的第一印象。因为人们对他人的印象很大一部分是视觉上的，这就是"三分钟印象"。

我们都知道，青春期是个爱打扮的年纪，一些青少年在服装打扮上常常求新、求异，以彰显自己的个性。诚然，现代社会，人们的服装文化趋于多元化，个性的着装风格日益凸显，但在交往中，绝不能"穿衣戴帽，各凭所好"，要讲究一定的原则。具体来说，有以下五个方面：

1. 独特的着装风格

不管做什么事情，最忌讳的就是跟风，因为跟风很容易迷失自己，着装也不例外。既然着装反映了一个人的修养和品位，那么，我们就应该保持自己的着装风格，不要盲目地追赶潮流。对于还是学生的你来说，在着装上也一定要符合你学生的身份。

2. 整体协调

着装的时候，不要把各个部分分开看，而要把它们作为统一的整体，进行合理的搭配，使之看起来和谐自然，完美地衬托出你的气质。

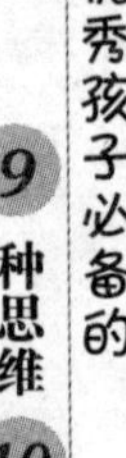

3. 干净整洁

不管在什么场合，也不管你所穿的衣服是昂贵还是廉价，首先的要求就是干净整洁。即使你因为家境贫寒而衣服上有补丁，也要保持干净清爽，因为这样能够使别人觉得你是热爱生活的。

当然，现在已经很少有人穿打补丁的衣服了，所以在保持衣服干净整洁的基础上，还要保持衣服的平整，最好不要有洗不掉的污渍等。

4. 着装文明

人和动物的很大一个区别，就是人穿衣服而动物不穿。但是，现在很多人在着装上为了标新立异，往往过于暴露。其实，正规社交礼仪要求人们不要穿过于暴露的服装。尤其在正式场合，尽量不要穿袒胸露背，暴露大腿、脚部和腋窝的服装，更不要在大庭广众之下赤裸着胳膊。

5. 着装技巧

在着装方面，假如有心学习，其实是有很多讲究的。

例如，女士穿裙子时，所穿丝袜的袜口应被裙子下摆所遮掩，而不宜露于裙摆之外；男士穿单排扣西装时，三枚纽扣的要系中间一枚或是上面两粒，两枚纽扣的要系上面一粒等。

老话说得好，“人靠衣装，佛靠金装”“人靠衣装马靠鞍”。作为社会的一员，青少年朋友们，即使现在的你没有足够的收入满足自己对服装的要求，但也要保证着装的朴实大方、干净舒适，这样才能给人留下良好印象。

自报家门，学会巧妙地介绍自己

社交活动中，虽然自我介绍在交流中的时间很短，但一个精彩的自我介绍可以迅速给对方留下美好的印象，从而架起和对方交流的桥梁。

青春期是一个渴望结交朋友和获得友谊的年纪，但很多青少年朋友常常感叹，结识朋友很难，难就难在怎么和陌生人打交道。遇见陌生人，经常不知该说什么话，不知所说的话会不会让人听后感觉不悦……其实，面对陌生人最难的就是如何通过自我介绍，给对方留下良好的第一印象。而如果你能学用一番别具特色的语言，定能打动对方。

关于自我介绍，可能有一些青少年朋友会认为，自我介绍有什么难的，无非就是“您好，我叫 ××，很高兴认识你。”但实际上，像这样平淡无奇的介绍，下次见面时，对方十有八九会忘记你的名字，甚至忘记你这个人。精炼的自我介绍，要用精彩的语言展现闪光多彩的自己。

那么，与陌生人初次见面的过程中，你该怎样大方地介绍自己，才能给对方留下良好印象呢？

1. 介绍出自己的亮点

亮点就是让别人记住的地方。自我介绍尽管是简短的一两句话，但吸引别人的也许正是开篇的某个亮点。

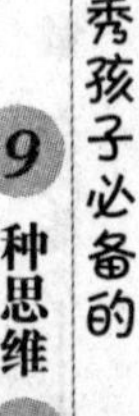

2. 注意态度

进行自我介绍，要简洁、清晰、充满自信，态度要自然、亲切、随和，应镇定自信、落落大方、彬彬有礼。既不能唯唯诺诺，又不能虚张声势，轻浮夸张。语气要自然，语速要正常，语音要清晰。

我们在进行自我介绍的时候，除了突出自己的亮点，还应谦虚低调为好，免得给别人留下此人爱吹嘘的第一印象。

这天，明明家对门新搬来了一户人家，这天，明明和爸爸在电梯口碰见男主人。虽然是第一次见面，但这位男主人却突然问明明爸爸："我叫 ××，你是做什么工作的？工资怎么样？你看起来好严肃呀！"还一直问明明："喂，你叫什么来着？"明明心想，就算是打招呼，也要注意自己在别人眼里的第一印象吧？

3. 注意时机

在社交场合或工作联系时，自我介绍应选择适当的时间，当对方无兴趣、无要求、心情不好，或正在休息、用餐、忙于处理事务时，切忌打扰，以免尴尬。

4. 注意方法

进行自我介绍时，应先向对方点头致意，得到回应后再向对方介绍自己。如果有介绍人在场，自我介绍则被视为不礼貌的。

自我介绍是一门学问。初次和他人交往，要想给对方留下良好的第一印象，自我介绍起着至关重要的作用。从某种意义上说，你的自我介绍是否独特、出彩，关系到彼此间是否能进一步沟通，把你的每一句话都要说到对方心里去，散发出你的交际品质，让对方觉得你是一个保持个人风格的人，从而对你产生良好的印象，产生与你进一步交往的欲望。

修炼自己的社交气场

所谓气场，就是一个人的某种内在的空间的自我延伸，他直接决定了一个人对周围的人影响力如何。尤其是在那些人与人之间距离较近的社交场合，你的内心世界一般都会显现出来，同时也会影响到他人。

生活中，很多青少年朋友也会发现，在他们的生活和学习的圈子里，总有一两个这样令人羡慕的人，他们似乎有某种魔力，无论他们走到哪里，他们都能成为众人关注的对象，都能成为社交的中心，无论他们说什么，似乎都能被大家接受。事实上，他们之所以能吸引到周围的人，并不是因为他们拥有多少财富、多高的社会地位，而是因为他们拥有足够强的社交气场，总能在第一时间迅速占据别人的心。

因此，青少年朋友们，在培养你的交际能力前，你首先要做的就是修炼自己的社交气场。你只有具备鲜明的个性，能用活力带动周围的气氛，才会产生积极的作用。

具体来说，修炼社交气场，你需要做到以下几点：

1. 克服自卑，具备自信心

不难发现，一些青春期的孩子在社交中总是表现得很自卑，甚至躲着他人，走路时低着头，说话时只有自己听得见，不愿跟熟人打招呼，不敢正视他人的眼睛，这些表现都是社交恐惧和自卑心理在作怪。你要想处理好人际关系，首先必须克服这一点。

高度的自信心意味着对自己信任、尊重和肯定，也意味着对自己生活实力充分的了解。

对此，你要把与人交往当成一种兴趣而不是负担，你要明白，现代社会，没有人可以活在自我封闭的世界里，每个人只有在与人交往、不断学习的过程中，才会获得自我提高和发展。

2. 说话要有底气

在和别人交谈中，你一定要有信心，你要坚信自己的观点是正确的，在这种积极的心理暗示下，你说话时才会理直气壮，这样，强大的气场就形成了。相反，如果你唯唯诺诺、底气不足，那么，你传达给对方的也是一些消极的信息。这样一来，你没有了强大的气场，对方的气场逐渐盖过你。因此,在与人交往的时候,要坚信自己是正确的，这样你才能绝对的自信，才能理直气壮，营造强大的气场。

3. 语言表达简洁干练

很难想象，一个言不搭调，语无伦次的人能营造出强大的气场来震慑别人。因此，在与人交谈的时候，语言表达一定要简洁干练，用简单的语句将你的意思，你的情感表达得清楚明了。别人根本没有思考的空间，你所说的话，你的情感和意见会迅速地占领别人的心，这样才能给别人带来震慑的效果。平日里说话要尽量简洁干练，给人雷厉风行的感觉，把你的自信表现出来，你的气场自然会强大起来。

4. 说话时要有逻辑性

如果你说的话言之有理、极富逻辑性，让他人无可辩驳，那么，即使别人想不顺从都很难，因为你的话已经让对方从心底认同了。你的自信营造了强大的气场。相反，如果你所说的话前后矛盾，逻辑性很差，别人很容易找到辩驳的理由，自然不会听你的号召，你也就成不了别人的领袖。因此，要想营造强大的气场，在说话的时候，就要有很强的逻辑性，用客观存在的逻辑关系征服别人的心。

5. 时刻保持良好的社交礼仪

中国自古以来就是礼仪之邦，万事以礼相待，一个懂得礼数的人会由内而外散发出吸引人的气质，这类人往往不缺朋友。

在人际交往中，你若想提高别人对你的欣赏能力，那么就要营造自己强大的气场，让自己与众不同。

多谈对方感兴趣的话题

社交活动中，一定要找到一个沟通的切入点，让对方产生好感，为此，你需要从心理的角度，及时抓住有利时机，投其所好，打开对方的话匣子。

我们都知道，人际交往多半是借助语言这一桥梁进行的，这就涉及交谈的话题。相信青少年朋友们也有这样的心理：在结识新朋友时，如果对方与你志趣相投，那么，整个谈话就会其乐无穷，而若志趣相异，会感到“话不投机半句多”。掌握人们的这一心理，我们在交谈时，从对方的兴趣爱好切入话题，让对方感到你与他志趣相投，话匣子自然就打开了。

为此，在交谈中，你需要做到：

1. 从对方关心的对象谈起

交谈时如能从对方十分关心的对象切入，也是一种投其所好的方式，有利于打开交谈局面。其实，我们不必绞尽脑汁地寻找对方感兴趣的话题，因为一般来说，生活中，人们都会关注一下这些话题：

你可以谈足球、篮球和其他运动。

你可以谈食物、谈饮料、谈天气。

你可以谈生命、谈友情、谈光荣。

你可以谈同情心、谈责任感、谈真理。

你可以讨论书籍、电影、广播节目、国际新闻或本地的新闻。

你可以交换一下关于某个杂志上看到的一篇文章的要点。

……

诸如此类，都是很好的谈话题材。

2. 从对方最深切的情缘谈起

人都是有情感的。交谈时，若能从对方最深切的情缘切入，情深

意切，往往能使其打开话匣子，达到交谈的目的。比如，你可以从对方的口音入手：“您也是 ×× 人吗？”

3. 从对方“在行”的话题谈起

常言道，三句话不离本行。人们都喜欢谈论自己在行的话题，因为它关系一个人的成败与荣辱。因此，你与人交流时，要接近对方，可以从他最精通的话题谈起，常常能够引发他的谈话兴趣，唤起他的成就感，让他觉得与你有共同语言，有“话逢知己千杯少”的感觉，交谈就会有好的结局。而对于你所熟悉的专门学问，对方不懂，也没有兴趣，就请免开尊口。

假如对方是医生，你对医学虽是门外汉，也可以用“问”的方法来打开局面。“近来感冒又流行了，贵院大概又要辛苦一阵子了吧？”这样一来，对方的话匣子就被打开了，你可以从感冒谈到症状、药品和补品等，只要双方都不厌烦，话题就会一直谈论下去。

4. 有些问题不可问

与人谈话的时候，有些话题是需要特别注意的：

不要问及对方的花费，比方说别人衣饰的价钱或送礼的价值以及请客所花的费用，这会让人觉得你触及他的经济能力或者怀疑他送礼的心意。

也不可问女子的年龄（除非她是 6 岁或 60 岁左右的时候）。

不可问别人的收入。

不可详问别人的家世。

不可问别人用钱的方法。

不可问别人工作上的机密。

“己所不欲，勿施于人”，凡事你不想让人知道的事你也应该避免询问对方，谈话的目的在于引起对方的兴趣，而不是使任何一方没趣，能令对方滔滔不绝，是你说话的本领，也是你增广见闻的方式。

可见，在谈话中，如果双方所交谈的话题是交谈者自己感兴趣的，

他就会投入十二分的热情，但是如果他对所说的话题没有丝毫兴趣，即使场面再大，对方热情再高涨，也会觉得寡淡无趣。要和对方和平相处，并得到对方的认同，你就要彻底地了解对方的所“好”，知己知彼，才能迎合对方，投其所好。

主动暴露一些缺点，不做完美人士

所谓“自我暴露”，就是主动把自己的某些关乎内心的、私人性的信息传达给对方，从而让对方了解自己。因此，我们不难看出，那些敢于自我暴露的人是自信的，能正视自己的不足，更是谦逊的表现。这两种人格魅力就足以吸引他人与你交往。

相信每个青少年朋友在交朋友的过程中都有这样的感受，那些看起来品学兼优、毫无缺点的同学其实并没有多少人愿意亲近他们。这是为什么呢？因为这些人看起来虽然很优秀，但却不可爱。“金无足赤，人无完人”，越是苛求完美，人际关系就越差。

同样，在与陌生人交谈的过程中也是如此，那些表现得十分完美的人，人们往往敬而远之；相反，适度表现出一些小缺点，会更让他人觉得你真实、可爱。另外，即使存在一些小缺点，也不能遮掩你的光辉。

可能你经常会为自身存在一些缺点而感到苦恼，其实，在人际交往中，如果你能适当地暴露自己的一些缺点，那么，你一定是个让别人感觉很可爱的人。

心理学上有个著名的“暴露缺点效应”。这一效应的意思是，一个人，如果他德才俱佳，那么，适当暴露出一点小缺点，不仅不会影响到人们对他的评价，反而让人们更喜欢他。这是为什么呢？关于这一点，可以归结为两个方面的原因：

（1）至少能让人们感觉到你不是高高在上的，是个可以亲近的普通人，因而他们也会愿意与你相处。其实，换个角度想，如果是你自己，你愿意与一个近乎完美的人相处吗？那样只会觉得自卑、压抑、紧张。

（2）可使人们感到他的真诚和对人的信任。因为大多时候，那些十全十美的人是装出来的，而不是真的完美。

人与人交往，本身就是一个由陌生到熟悉的过程。良好的人际关系是在自我暴露逐渐增加的过程中发展起来的。随着信任程度和接纳程度的提高，交往的双方会越来越多地暴露自己。因此，自我暴露的广度和深度是人际关系深度的一个敏感的“探测器”。

那么，我们在“自我暴露”时，应该注意什么呢？

1. 把握“度”的问题

如果你过分地传达给对方一个信息——我真的存在很多缺点，那么，这是存在很大风险的，因为他很可能会顺着你的思路去评价你，最终导致让对方远离你，因为和人们不喜欢“完美”的人一样，他们也不喜欢全身是缺点的人。因此，提倡“自我暴露”，也要把握“度”的问题，不可“和盘托出”，也不可“过度暴露”，我们不妨选择暴露那些不会影响到整体形象的“小事件”或者“小缺点”、“小毛病”等，正因为这些小瑕疵的存在，我们才会显得更真实、更可爱！

2. 要遵循相互性原则

这里的“相互性原则”是指：“自我暴露”的速度必须是温和的、缓慢的，绝不可让对方惊讶。如果过早地涉及太多的个人亲密关系，反而会引起对方强烈的排斥情绪，引起焦虑和自卫反应。

与人交往，只有让对方产生如“这个人有点小缺点，但是其他方面挑不出毛病来，是个相当不错的人！”等想法，并将这种想法深深植入他的心中，才能实现长久交往！

第 16 章 应变能力——沉着冷静，巧妙应对各种局面

我们都知道，每个青春期的孩子最终都要进入社会，都要独立承担突如其来的各种问题，这就需要你们具备一定的应变能力，为此，你需要从现在起，无论遇到什么事都要沉着冷静、巧妙应对。

沉着冷静，别恐惧

一个人在遇到突发问题时是否有独自解决的能力的前提是是否有勇气面对和承担，因此，消除自己的紧张、恐惧情绪是极为重要的。

生活中，我们总是会遇到这样或那样的意外，这对于成长期的青少年朋友来说也不例外。你必须修炼自己的应变能力，首先你要具备足够的勇气，只有这样，你才能沉着冷静面对突如其来的情况。其实，又有什么恐惧的呢？只要内心刚正不阿、勇往直前，你就能独当一面。2006 年 2 月《环球时报》曾经刊登过这样一个故事：

有个五岁的小男孩叫萨契利，这天，他的妈妈开车带着他和他仅八个月大的弟弟去另外一个地方，就在某条公路上，不幸的事情发生了。

当时，他的母亲在车上找手机，但因为一时疏忽，车子一下子失控了，汽车的左侧撞到了树上，车窗全都被撞碎，坐在驾驶位置上的妈妈一下子就晕了过去，头部鲜血直流。这时的小萨契利害怕极了，但他还是很快冷静下来，然后爬到车后座，解开弟弟身上的安全带，抱起弟弟从车里爬了出来。

后来，他居然一个人步行了将近1公里，敲了3户人家的门。到第三户的时候，有一个叫南希的人给他开了门。当南希打开家门时，她被眼前的景象惊呆了，一个才1米高的小男孩，光着脚，满脸恐惧，手上还抱着一个正在哭泣的婴儿，还没等南希反应过来，男孩冲着她大喊："我妈妈在公路下面，求您快去救她。"听完男孩的讲述，南希跳上车前去援救。消防人员随后也赶到。男孩妈妈被送往哥伦比亚医疗中心重症监护室。在昏迷了10天后，她终于睁开眼睛开始说话了。

这个故事的确令人震撼，一个五岁的男孩，还未对社会有全面的认识，怎能有这样的勇气？无疑，这种勇气是不断培养和积累的。那么，现在我们来假设一下，假如你也遇到这样的情况，你是否也能做到像小男孩一样如此镇定、毫不畏惧呢？

事实上，我们也不难发现，很多人正是缺少这种反应能力进而使事情陷入更糟糕的状态。

对于你来说，在遇到情况时，你要做到：

1. 稳定情绪

也就是说，不管遇到什么情况，首先你不要惊慌害怕，只有冷静的头脑才能进行理智的思维，也才能找出解决问题的方法。为此，你不妨进行深呼吸，然后告诉自己："没什么大不了的。""我能搞定。"

然而，我们不得不承认，青春期本身就是一个情绪化的年纪，很多孩子在这一问题上做得并不好，他们一遇到问题就牢骚满腹，或者求助于家长，这样做，又怎么能培养出良好的应变能力呢？

2. 在日常生活中培养自己的勇气

在合理的范围内，你可以大胆地做自己想做的事，一个敢作敢为

的人，才能有勇气、有信心面临突发事件。

值得一提的是，攀爬、蹦跳、奔跑乃至一些竞技类的游戏可以培养你的勇气。当然，活动中安全必须是第一位的。

任何一个青少年朋友，在遇到一些意外情况时，你首先要告诉自己不要害怕，冷静面对才会找到解决方案！

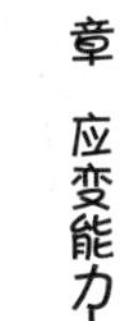

机智应对，找到出路

思维的力量是巨大的，一个人在遇到问题时是否有较好的应变能力，也是与其思维能力分不开的。善于思维的人总能机智应对，顺利找到解决问题的出路。

生活中，相信很多青少年朋友都遇到过一些令人头疼的意外问题，此时考验的就是你们的应变能力，要解决意外，就必须找到出路，那些聪明人多数都能反应灵敏，机智应对。我们先来看下面一个管理故事：

英国航空公司也曾遇到过一次危机。有一次，一架由伦敦经纽约、华盛顿的英航班因为机械故障，在纽约被迫降落后禁飞。乘客对此极为不满，对英国航空公司怨声载道。该公司立即调度班机，将63名旅客送到了目的地。当旅客下机时，英航职员向他们呈递了一份言辞恳切的致歉信，并为他们办理了退款手续。尽管英航因此损失了一大笔钱，但达到了力挽狂澜的功效，大大弱化了乘客的不满情绪。英航的这一举措被人们广为流传，英航不仅未受损害，反而大大提高了声誉。此后，英航的乘客一直源源不断。

通过自己的高明手段，英航在危机面前得以化被动为主动。这得益于英航面对危机的一种快速反应能力和积极处理问题的能力。

生活中的青少年们，你解决突发问题的能力又如何呢？其实想知道出路并不难，你需要做到：

1. 冷静下来，不要乱了阵脚

有时候，你之所以找不到问题的出口，其实在于你的心态。一个冷静的人在遇到问题时通常能以最快的速度对问题作出回应。一个自乱阵脚的人又怎么可能理智对待问题进而找到出路呢？因此，我们可以说，一个人的应变能力如何首先取决于他们遇到问题时的心态。

2. 找到问题的关键点

突发状况的出现，肯定是其中有的环节出了问题。因此，当你冷静下来后，就要重新审视事情的全部过程，找到关键问题，才能有的放矢进行补救。

3. 学会从宏观角度把握问题

可能你曾有过这样的体会：当你演算一道数学题时，你绞尽脑汁也找不到答案，但当你回过头重新看时，就会发现，原来你走的艰辛的一步已经被其他人解决了。的确，如果你只着眼于手上的事，并一门心思解决，那么，你很可能陷入思维的局限中，只有从宏观角度把握，你才会发现，借助他人的思维成果往往让自己省去很多烦琐的思维过程。

4. 运用多角度思维来解决问题

某些情况下，问题的出现可能源于我们的思维出现了问题，我们常常会被经验和固有知识所蒙蔽。

在日常生活中你要多训练自己的思维能力，当你发现某种方法行不通时，就应懂得变通，通过变通方法来解决问题。

用自嘲消除尴尬

在社交场合中，遇到尴尬场景时，不妨自嘲一下，至少自己骂自己是安全的，除非你指桑骂槐，一般不会讨人嫌，智者的金科玉律便是：不论你想笑别人怎样，先笑你自己。

你的身边是不是有这样的人：只要有他在的场合，气氛就很轻松，因为他敢于自嘲以制造幽默感，即使遇到尴尬、冷场的情况，他们也总能让周围的人感到轻松、愉快。可以说，自嘲，不仅是一种最好境界的幽默，更考验了一个人的应变能力。为此，在修炼自己的应变能力上，你有必要学会自嘲。

然而，不得不承认的是，自嘲需要你有足够的自信，因为它要你自己骂自己，也就是拿自身的失误、不足甚至生理缺陷来“自嘲”，对丑处、羞处不予遮掩、躲避，反而把它放大、夸张、剖析，然后巧妙地引申发挥、自圆其说，博得一笑。没有豁达、乐观、超脱、调侃的心态和胸怀，是无法做到的。可想而知，自以为是、斤斤计较、尖酸刻薄的人难以望其项背。

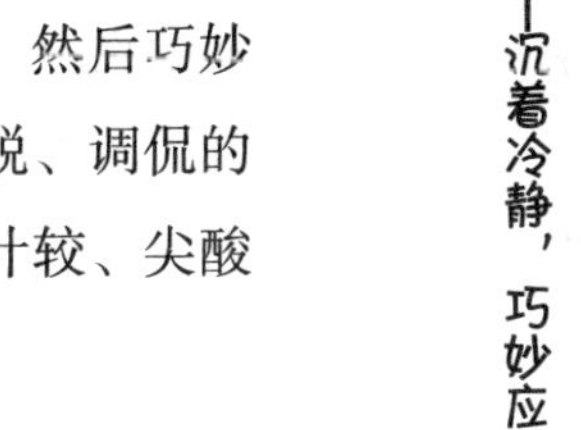

抗战胜利后，张大千从上海返回四川老家。行前好友设宴为他饯行，并特邀梅兰芳等人作陪。宴会伊始，大家请张大千坐首座。

张说：“梅先生是君子，应坐首座，我是小人，应陪末座。”梅兰芳和众人都不解其意。

张大千解释说：“不是有句话‘君子动口，小人动手’吗？梅先生唱戏是动口，我作画是动手，我理该请梅先生坐首座。”

满堂来宾为之大笑，并请他俩并排坐首座。

张大千自嘲为小人，好似自贬，然而“醉翁之意不在酒”，这既表现了张大千的豁达胸怀，又制造了轻松和谐的交谈氛围。

当然，对于社会阅历和人生经验尚浅的青少年朋友来说，要学会自嘲并不容易。除了自信外，你还需要有一颗平常心。只有心怀坦荡，乐观豁达，精神上才可以轻松起来，自己才可以更加潇洒和充实。

具体来说，自嘲时，你可以针对这些方面：

1. 笑笑自己的长相

笑自己的长相，或笑自己做得不够漂亮的事情，会使我们变得较有人性，并给人一种和蔼可亲的感觉。如果你碰巧长得英俊或美丽，找找你的其他缺点。如果你真的没有什么缺点就虚构一个，缺点通常不难找到。有人向一位大学足球队的教练问起某位明星球员。这位教练说：“他是大四学生，很不错的球员。但是有一个缺点，就是他已经大四了。”

2. 笑笑自己的缺点

有时你陷入难堪是由于自身的原因造成的，如外貌的缺陷、自身的缺点、言行的失误等，自信的人能较好地维护自尊，自卑的人往往陷入难堪。对影响自身形象的种种不足之处大胆巧妙地自嘲，能出人意料地展示你的自信，在迅速摆脱窘境的同时显示你潇洒不羁的交际魅力。如你“海拔不高”，不妨说自己是体积小耐力大，浓缩的都是高科技;如丑陋的你找了一个美丽的她，不妨说“我很丑但我很温柔”;即便你如刘墉一样背上扣个小罗锅，也不妨说你是背弯人不弓。

可能你会认为，嘲笑自己的缺点和愚蠢，是幽默的最高境界。然而，伴随着这种嘲笑的情绪是不同的。如果我们尖刻地嘲笑自己，他人会觉得我们犯了愚蠢的错误，活该受到惩罚，那我们只会感到屈辱。因为这种态度背后的潜意识就是相信我们应该比实际的更好，而如此人生态度正是我们超脱的障碍。

如果我们内心充满了爱来嘲笑自己，就能达到某种和蔼可亲的超脱。因为我们自认愚蠢，但不顾影自怜。

遇到刁难，巧妙避开

当然，与人交往，并不是每个人都心存善意。面对不善的交谈，愚者出拳头，智者则能运用智慧为自己找到交际的出口。

生活中，与人交往，我们经常会遇到一些不善之辈，他们会给我们设置一些语言陷阱，此时，我们只有思维敏捷，迅速意识到对方的言外之意，并让自己的思维展开飞翔的翅膀，才能巧妙地避开他人的挑衅，从而从这种矛盾中解脱出来。

青少年朋友在训练自己的应变能力时，也应学会巧妙避开他人的刁难，当然，做到这一点有很多方法，你可以选择以下几种：

1. 装装傻，让对方放松警惕

有时候，适当退一步，并不是讲和言败，而是诱“敌”深入，让交际对方中我们的“情感计”，从而放松对我们的警惕。

比如，当老师批评你而你又不知道如何解释时；当有人向你恶意发难时；当你的朋友向你提出无理要求时；当他人有求于你而你又无能为力时……你就需要避开别人的直接发难，你就需要避开问题的焦点，然后主动示好，对方也不好再急速刁难。

当然，装傻并不是真的要当傻子，而是一种在特殊时候采取的解困的方法。事实上，很多时候，面对难堪的问题，如果你能装装傻，反倒显示出我们的睿智。

比如，转移话题：“对了，你知道明明他爸爸一个月挣多少钱吗？”很明显，在同学背后讨论这一问题不大好，对此，你可以这样装糊涂：“呵呵，你肯定也不清楚你爸爸一个月到底挣多少，对吧？”

当然，如果你没反应过来，也可以直接拒绝回答，但要注意说话方式：“这个我还真不知道。”甚至，你完全可以顾左右而言他，换另外一个话题：“我今天居然听到了一个新闻，内容说的是未来几年很有可能取消中考制度。。"

另外，你在回答不上时，就选择沉默吧，淡然一笑，对方自然会觉得自己的问题问得不妥了。

2. 幽默回击法，反客为主

当别人对我们恶言相向时，一般人正常的反应就是采用同样的方法回击，但这并非高明的人际互动技巧，最高明的技巧是运用"幽默反击术"。幽默反击既不伤人，又能立竿见影、反客为主，能在谈笑自若、云淡风轻中轻松化解人与人之间的尴尬、矛盾与冲突。

萧伯纳是英国诙谐剧作大师。一次在一场盛大的游园会上，一个衣冠楚楚的年轻人上前问他："你是萧伯纳先生吧？听说你父亲只是一个裁缝匠。"年轻人的语气充满了轻蔑与不屑。

萧伯纳点头微笑道："不错，我的父亲是个裁缝。"年轻人步步紧逼："那……你为什么不学他呢？"

萧伯纳依然不生气，他笑看了年轻人一眼道："听说你父亲是个谦恭有礼的君子？"年轻人扯了扯衣领，高贵又骄傲地说："对呀，大家都知道！"

萧伯纳说："那你为什么不学他呢？"

年轻人顿觉羞愧万分赶紧离开。

这叫"以子之矛，攻子之盾"。面对年轻人的讽刺与恶意攻击，萧伯纳采用轻松幽默的方式将了他一军，大快人心。

3. 三十六计走为上策

如果你觉得你实在应付不了这样的尴尬场景，那么，你就给自己找个借口迅速离开现场。但你一定要为自己找一个恰当的理由，否则，只会让对方心中留下歉意。比如，你可以借口说："我今天还有点事，回头再跟你说吧，你也该忙了！"

与人打交道的过程中，如果你遇到刁难，那么，一定要有快速识

别和反应的能力，只有这样，你才能迅速解决这一尴尬情况。

打好圆场，让他人心存感激

所谓打圆场，是指交际双方争吵或处于尴尬处境时，由第三者出面进行调解的一种方法。圆场打得好，有利于打破僵局，解决问题，还可以融洽气氛、消除误会、缓和矛盾、平息争端、增强感情。

如果你是个细心的孩子，就会发现，在交际场合，那些能左右逢源、赢得他人好感的人往往具有一种本领，那就是他们具有一双慧眼，懂得见机行事，总能在第一时间察觉到交际场上的不和谐因素，并用言两语加以解决。

的确，可能你也遇到过这样的场面：因为个别人的一句话或者某个行为，交际各方都停止交谈，无论是谁也不肯打破沉寂，于是，场面逐渐冷下来。如果这种氛围不被解决，最终只会让交往各方不欢而散，而只要你多想办法，给“肇事者”一个台阶：都要在窘境中及时调整思路，选择一个巧妙的角度，改变眼前的被动局面，想方设法争取主动。当然，能否做到这一点，也考验了你的应变能力。

老诗人严阵和一位青年女作家访问美国，在一所博物馆广场散步时，恰巧有两位美国老人在一旁休息，看见有中国人来，他们很热情地迎上前交谈。

其中一位老人为表达对中国人的感情，热烈地拥抱那位女作家，并亲吻了她一下，女作家十分尴尬，不知所措。另一位老人也抱怨那老人说，中国人不习惯这样，那拥抱过女作家的老人像犯了错误似的呆立一旁。

老诗人严阵赶快上前微笑着说：“呵，尊敬的老先生，你刚才吻的

不是这位女士，而是中国，对吗？”

那老人马上笑道：“对，对！我吻的是中国！”

尴尬气氛在笑声中被打破了。

老诗人严阵的一句打圆场的话，解除了因错误亲吻而带来的尴尬。而从这个犯错的外国老人的角度看，他一定也从心里感激严阵给他的这个台阶。

那么，我们在交际中，怎样才能不失时机地打好圆场呢？

1. 找个借口，给对方台阶下

人们之所以会在交际场合陷入尴尬境地，是因为他们在某种场合做了不合时宜的事，说了不合情理的话等，而要打破这一僵局，可以从人们不容易看到的方面就这些有悖常理的话和行为作出另一番解释，以证明他的行为和语言是合理的、无可厚非的，这样一来，对方的尴尬就被解除了，正常的人际关系也能得以继续下去了。而我们在无形中也多交了一个朋友。

2. 侧面点拨

即不作直言相告，而是从侧面委婉地点拨对方，使其明白自己的不满，打消失当的念头。这一技巧通常借助于问句的形式表达出来。

3. 转移话题，制造轻松气氛

当尴尬或僵局出现时，有些人由于情绪上的冲动，往往会在一些问题上互不相让。在打圆场时，不妨岔开他们的话题，转移他们的注意力。

如朋友之间为了某个问题争得面红耳赤，僵持不下时，可以适时说一句“要把这个问题争得明白，比国家足球队赢球还难”；或者讲一个笑话，让双方的情绪平缓下来，在轻松的气氛中让尴尬消逝殆尽，使交际活动得以顺利进行。

4. 主动背黑锅，转嫁矛盾

如果冷场是由其他人造成的，那么，他必定成为众人紧盯的对象，而此时，如果你能主动站出来，为其背黑锅，那么，对方一定会感激你。

可见，交际中遇到尴尬场面时，做到审时度势，准确把握双方的心理，然后运用说话技巧，借助恰到好处的话语及时出面打圆场，化解尴尬，维护交际活动的正常进行，就显得十分重要和宝贵，也确实是十分必要和值得重视的。

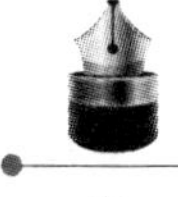

见机行事，巧救冷场

社交场合，常常因为各种原因而出现冷场的情况，此时，能否见机行事解决问题不但考验了你的社交能力，还体现了你的应变能力。

生活中，人们参与社交，都希望交流沟通的气氛融洽热烈，但事实却是，因为彼此间不相熟识或者找不到合适的话题而出现冷场。如果这种氛围不被解决，最终只会让交往各方都不欢而散。

青少年朋友，当你遇到这种局面时，应该学会见机行事，发挥自己的机智和口才，说几句调节气氛的话，那么，就能带动大家的谈话兴趣。

1984年5月，美国总统里根到上海复旦大学访问。他与一百多位中国学生初识于一间大教室里，他说了这样一句开场白："其实，我和你们学校有着密切的关系。你们的谢希德校长同我的夫人南希是美国史密斯学院的校友呢！这么看来，我和各位自然都是朋友了！"话毕，他赢得了全场的热烈掌声，成功拉近了与一百多位异国学生的心理距离，接下来的谈话更是轻松、融洽。

里根总统这番话，表达出了自己渴望与学生们亲近的愿望，让学生们看到了他的亲切，自然就拉近了与学生们之间的距离。

的确，社交场合最怕的就是冷场，此时，如果你能主动站出来，调节现场的气氛，让沟通畅快地进行下去，那么，势必会赢得他人好感，愿意与你结交。

那么，当遇到这种情况时，说哪些话能巧救冷场呢？

1. 天气

天气是每个人都关心的问题，因为天气对于生活的影响太大了。天气不好，不妨交换一下彼此的苦恼："今天这天儿，我都穿得像南极企鹅了。"天气很好，不妨同声赞美；如果某地遇到暴雨或者干旱等天气异常情况，也可以谈谈，因为那是人人都关心的话题。

2. 坦白自己的感受

当性格内向的你出席了一个周围都是陌生人的聚会时，与其自己在角落里嘀咕"我太害羞了，与这种聚会格格不入"，还不如直接告诉你身边的陌生人，或许正是这句话，让你们彼此之间成为知音。

一次，美国作家阿迪斯与另外写过一本书的心理学家谈话。阿迪斯通常对这类访问都能应付自如，并从中受益，所以当他发觉自己结结巴巴，不知怎样开口时，简直大吃一惊。最后阿迪斯说："不知为什么我对你有点害怕。"结果，那位心理学家对阿迪斯这个说法产生了兴趣，随即二人自然地聊了起来。

3. 自己闹过的有些无伤大雅的笑话

比如，你可以拿买东西被骗、语言上的失误等笑话来和对方分享一下，因为这些生活中的趣事，人们一般都爱听，在你谈论此类趣事时，可能对方也有类似经历，你们之间就找到了共同的话题。另外，自嘲更能体现出你的随舍，平易近人。

4. 以轰动一时的社会新闻为话题

这也是闲谈的资料。假使你有一些特有的新闻或特殊的意见和看法，那足以把一批听众吸引到你的周围。

当然，你也应当避免谈一些令人扫兴的话。在初次交往中，彼此都有一定的意图，所以纯属个人生活的话题不要多谈，可能没有人愿意听你高谈阔论，诸如食物、菜谱、自己的健康以及家庭纠纷之类的事。但可以对时下人所共知的社会现象、热点问题等谈谈看法。

第17章

适应能力——相机而行，适应各种环境

生活中，我们每一个人，也包括正处于成长期的青少年朋友，在人生路上都有可能遇到一些难题，它会阻碍我们前进，甚至让我们心灰意冷，但请一定记住，明天还未来到，昨天已经过去，你只有学会适应当下，才能调整好心态，才能真正把握大局，才能找到前进的路！

进入新环境，要迅速适应

任何人的一生都不可能总处于同一环境中，而如何迅速适应新环境，考验到一个人的适应能力，更考验到一个人的心态问题。

任何一个青少年朋友都知道，最终你们都要走出校门、走向社会，参与社会竞争，也就是说，能否快速地适应新环境，是每一个青少年朋友从现在起就必须培养的能力。也只有这样，你才能融入集体，成为集体的一份子，然后做出成绩。

欣欣因为父母工作的原因不得不转到外地的学校，当她听到这个消息后，她伤心了很多天。尽管搬家时，她一点事情也没做，新家也比原来大很多，新学校师资力量也好很多，但欣欣就是高兴不起来。在新学校上了一个星期的课后，爸爸妈妈看见欣欣还是闷闷不乐的，爸妈很担心。

这天，在厨房做晚饭的妈妈看见欣欣回来后就直接进了房间，连招呼也没打，她觉得有必要做做欣欣的思想工作了，就敲了敲她的房门。

欣欣说："您有事？"

"没，就想跟你聊聊天，我们母女俩也很久没说话了。最近在新学校怎么样？"

"还好。"欣欣好像不大爱谈这个话题。

"看得出来事实并不是这样。跟我说说吧，也许我能解决你的烦恼。"

"好吧，跟你说实话，那些新同学真的很讨厌，不跟我说话倒也罢了，背地里还说我坏话，那天我上厕所时都听见了，说什么'有几个臭钱就了不起啊'、'装清高'什么的。我没招惹他们，不用这么说我吧？"

"看来我明白是怎么回事了。其实，你不妨从他们的角度想想，你是新转来的女孩，长得又这么漂亮，成绩又好，相信你已经是很多男生注意的对象了，而对那些女生来说，你肯定是她们的威胁，她们排斥你也不奇怪。再者，你对来这所学校读书也不大乐意，不是吗？正因为你有这样的情绪，才不乐意亲近他们，从而成为他们聊天的对象咯，你说对不对？"

"嗯，妈妈你说得有道理，这件事都有错吧，那你说我该怎么办？"欣欣问道。

"其实，在以前，你是个很爱与人打交道的女孩，你还记得不，我们住的那个单元里的女孩们都爱跟你做朋友，没事老上咱们家来玩。你现在也可以交一些新朋友，主动和他们交往，一回生二回熟，自然就成朋友了。"

"好吧，我听您的。"妈妈说完这番话，欣欣的眉头终于舒展开了。

在生活中，可能很多青少年朋友都遇到过类似欣欣这样的情况，到了新环境后，他们常常因为人际关系而感到烦恼，也无法融入新集体，那么，面对这种情况，你该怎么办呢？

的确，新环境需要一个适应过程，怎样才能更快地适应那就要看

你的心态和解决问题的能力了。

首先，心情要放松，不要一直提醒自己这是在新环境。主要是心理上的问题。有句话是说智者调心。人不能够适应周围的环境完全是由于错误的观念和消极的心理状态。首先要知道世界是在不断地变化的。周围的环境也是在不断地变化的。所以人也要变化，注意观察周围一切的变化。不断地接受新鲜事物。

其次，可以用在短的时间内在新环境中找一个比较谈得来的朋友，这很重要，朋友感情建立了，环境也就充满了人情味。其实有时候人需要的不多，仅仅是友人的一点支持，哪怕只有一点也会令你对世界充满信心。

最后，要主动地融入群体中去，不要使自己显得孤立，要对集体活动有热情。

是否能迅速适应新环境，最重要的还是你需要不断调整自己的心态，正面且积极地看新环境，就会喜欢这个环境从而能够应对一切。

抱怨环境，不如改变自己

如果你认为正处在恶劣的环境中，那么请好好地修炼，练好内功，等待爆发的日子。

青少年朋友们，我们先来看下面一个故事：

在美国的一所小学里，有这样一个班级，这个班级的学生比较特别，他们一共有26个人，都是失足的孩子，他们有的进过少管所，有的吸过毒，总是让老师和家长失望透顶。

这个班级成立后，被一位叫菲拉的女老师接手了。在她给学生们上的第一节上，她并没有如人们所想的那样整顿班级纪律，而是在黑板上给孩子们出了一道选择题。让孩子们根据自己的判断选出一位日

后能够造福于人类的人。她列出3个候选人：

A. 笃信巫医，他有多年的吸烟史，嗜酒如命，还有两个情妇。

B. 有正经工作，但却不珍惜，每天睡到中午才起床，钟爱酒精，每天都要喝一斤多的酒，还吸食过鸦片。

C. 曾有过辉煌的历史：是国家的战斗英雄，不吸烟喝酒、坚持食素，从不违法。

结果大家都选择C。

菲拉公布答案，A是富兰克林·罗斯福，连续担任过四届美国总统；B是温斯顿·丘吉尔，英国历史上最著名的首相；C是阿道夫·希特勒，法西斯恶魔。

孩子们惊呆了，不明白为什么结果会是这样，接下来，菲拉满怀激情地告诉大家：

"孩子们，一个人，无论他的过去是荣誉还是耻辱，那只能代表他的过去，而不是他的现在和将来，只要你从现在开始决定做你想成为的人并为之努力，你就能成为一个了不起的人。"

菲拉的这番话，改变了这26个孩子一生的命运。其中，就有今天华尔街最年轻的基金经理人——罗伯特·哈里森！

的确，菲拉教师的话是正确的。过去的生活，不论辉煌还是暗淡，都随着时光如流水般远去。但我们不难发现，生活中，总是有人抱怨当下自己所处的环境，生活对于他们来说，似乎永远都不快乐，要知道，羁绊于过去，是很难洒脱地走向美好明天的。一个人，只有学会放下对环境的坏情绪，适应环境，才能有意识地改变自己，最终改变命运。

因此，每个青少年朋友都要记住一句话：你改变不了环境，但你可以改变自己；你改变不了事实，但你可以改变态度。

魏书生曾说过：多改变自己，少埋怨环境。每当埋怨环境，或者觉得环境对我不公时，我总是想起这句话，心态也就平衡了，心里也就舒坦了。自己改变了，该来的一切都会来。

对此，你需要在两个方面进行调整：

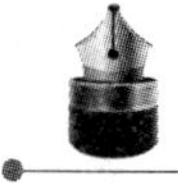

1. 善于调整期望值

人们对新环境的适应性差，大都与其事先对新环境的期望值过高、不切实际有关，当你按照这个过高的目标来执行而最终落空时，难免会产生失落感，就会感到事事不如意、不顺心，必然影响情绪，与环境格格不入。

2. 主动适应客观现实

当自己对新环境不习惯的时候，最好不要埋怨客观，而应从主观方面想一想，看一看自己的认识、态度和方式是否有需要改进的地方，进而自觉地从自身做起，改变自己的旧习惯旧做法，努力去适应环境的要求。

在面对不如意的环境时，我们不能完全站在个人角度，以自己的好恶为标准看待客观环境，而应从大局出发、从发展的角度来看待环境。只有对客观环境有了正确的认识，才可能自觉地改造自己，适应环境。

调整自我，迎难而上

一个真正的强者，要有进取之心，要有迎难而上的心境，而不是主动放弃，在这之前，你需要调整自我，从失败的阴影中走出来。

现实生活中，我们每个人都有自己的目标，大部分也都会为自己的目标奋斗，然而，目标的实现是一件需要恒心和耐力的事。现实案例告诉我们，百分之九十的失败者其实不是被打败，而是自己放弃了成功的希望。

成功与失败之间的距离，并不是一道巨大的鸿沟，它们之间的差别只在于是否能够坚持下去。在未来社会，无论你遇到什么，你都要

咬紧牙关，不放弃最后的努力。

席维斯·史泰龙在未成名之时，身上只有100美元和一部根据自己悲惨童年写成的剧本《洛奇》。于是他挨家挨户地拜访了好莱坞的所有电影制片公司，寻求演出的机会。当时好莱坞总共有五百家制片公司，史泰龙逐一拜访过后，没有任何一家公司愿意录用他。史泰龙面对五百次冷酷的拒绝，他毫不灰心，回过头来，又从第一家开始，挨家挨户地自我推荐。第二轮拜访，好莱坞的五百家公司，仍然没有一家肯录用他。史泰龙没有放弃希望，他把这1000次的拒绝，当做是绝佳的经验。接着他又鼓励自己从1001次开始。后来又经过多次上门求职，总共经历了1855次严酷的拒绝，终于有一家电影制片公司同意采用他的剧本，并聘请他担任自己剧本中的男主角。

电影《洛奇》一炮打响，史泰龙成了超级巨星，美国新一代的英雄偶像。

史泰龙的成功，更加证实了坚持的道理。追求理想的过程中，必当遇到各种挫折和困难，但只要越挫越勇，永不放弃就能成功。

其实，排除追求理想这一点，即使生活中的小事，你都也应该做到迎难而上，只要你能及时调整自我，那么，你就能继续满怀希望地朝着目标努力，那么，在失败面前，你需要进行怎样的调整呢？

1. 努力接受不可避免的事实

的确，在追求目标的路上，总会出现我们无法预料的情况，我们渴望成功，但结果并不一定如我们所想象，那么，面对不能避免、不可改变的事实——失败面前，我们最好的态度就是认定事实，作出积极乐观的反应。一个人，只有学会承受成败，才能节省下精力去为成功创造条件。没有人能有足够的情感和精力，既抗拒不可避免的事实，又创造一个新生活，你我只能在其中选一个。那么，聪明的你会如何选择呢？

2. 迎难而上

接受失败并不是一蹶不振，适应环境也绝非消极适应，而是一种积极的姿态，也就是说，要善于发挥自己的主观能动性，有意识地利用环境中有利的因素，强化自己的个性，为自己的发展开拓更大的生存发展空间，进而在新环境中有所作为，做出更大贡献。这是一种更高层次上的适应能力。

任何人，都不必对环境苛求，而应该不断提高自己的适应能力，努力与现实接轨，注重脚下的路，才能一步一步走向未来。

适者生存，头脑灵活才能成活

生活中，只要我们开动脑筋，运用想象力，跳出思维的条条框框，就能发现思维的另一个高度，就会得出异乎寻常的答案。

当今社会，任何人要想在竞争中脱颖而出，都不能忽视思维的力量，那些头脑灵活、拥有思想的人在这个社会更有打拼的出路。因为在打拼的过程中，谁都会遇到难题，只有开动脑筋，运筹帷幄，才能解决当下的难题。诚然，在难题面前，任何人都可能会产生一些焦躁的情绪，但焦躁对于事情的解决毫无帮助，我们只有静下心来，才能冷静地思考解决的方法。

在训练自己的适应能力这一问题上，你同样要告诉自己，适应环境并不意味着要被动适应，更要学会运用思维的力量来突破困境。相信牛仔大王李维斯的故事你已经耳熟能详。

“牛仔大王”李维斯年轻的时候，带着梦想前往西部追赶淘金热潮。一日，突然间他发现有一条大河挡住了他往西去的路。苦等数日，被阻隔的行人越来越多，到处是怨声一片。而心情慢慢平静下来的李维斯突然有了一个绝妙的创业主意——摆渡。由于大家急着过河，所以没有人吝啬坐他的船，迅速地，他人生的第一笔财富居然因大河挡道而获得。

渐渐地，摆渡生意开始清淡。李维斯决定继续前往西部淘金。来西部淘黄金的人很多，但卖水的人却没有，所以，水在这个地方成了最珍贵的东西。不久，他卖水的生意便红红火火。后来，同行的人越来越多。终于有一天，在他旁边卖水的一个壮汉对他发出通牒："小伙子，以后你别来卖水了，从明天早上开始，这儿卖水的地盘归我了。"他以为那人是在开玩笑，第二天仍然来了，没想到那家伙立即走上来，不由分说，便对他一顿暴打，最后还将他的水车也一起拆烂。李维斯不得不再次无奈地接受了现实。然而当这家伙扬长而去时，他又有了一个绝妙的主意——把那些废弃的帐篷收集起来，洗干净后，缝制成衣服，那么一定会有人愿意买。就这样，他缝成了世界上第一条牛仔裤。从此，他就一发不可收，最终成为举世闻名的"牛仔大王"。

聪明的人总能不断变通、根据当下情况的变化做出明智的决定，于是，他们能不断找到成功的机遇，即使在困境中亦是如此。因为他们从不会因眼前的现状而停止思考，李维斯的成功就说明了头脑在困境中的力量。

生活中，失败平庸者多，除了心态问题外，还有思维能力，他们在遇到问题时，主要是挑选容易的倒退之路。"我不行了，我还是退缩吧。"结果陷入失败的深渊。成功者遇到困难，他们能心平气和，并告诉自己："我要！我能！""一定有办法。"

的确，这个世界上没有任何事是一成不变的，生命在不断向前，我们的生活也是如此。因此，我们的思维也需要与时俱进。有时候，可能你觉得自己已经进入了死胡同，但事实上，这只是你没有找到出路而已，而改变事物的现状就是运用思维的力量，思路一变方法来，想不到就没办法，想到了又非常简单，人的思维就是这样奇妙。有一句话说得好："横切苹果，你就能够看到美丽的星星。"

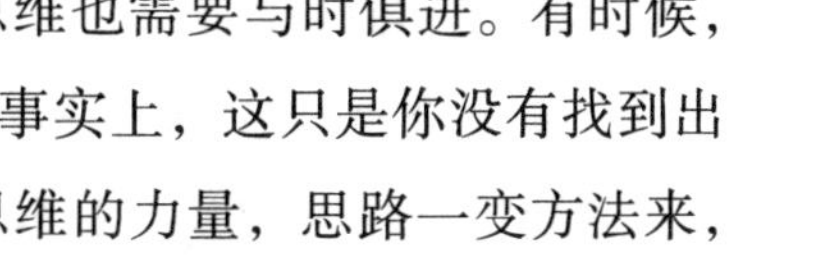

当然，青少年朋友，你若希望自己拥有一个灵活的头脑，就要学会在日常生活中重视训练自己的大脑，因为人的大脑就如同一台机器，长时间不使用，它的工作能力就会下降甚至不适用。

要有智慧，就要有一颗善于思考的头脑。真正的“有头脑”，指的是善思考、勤实践，有思想、智慧、远见、卓识和才干。一个人虽然长着脑袋，但若不善于运用，没有思想、智慧、远见、卓识和本领，是不能算是有头脑的。

不要撞了南墙才回头

当我们的思维活动遇到障碍，陷入困境，难以再继续下去的时候，往往有必要认真检查一下：我们的头脑中是否有某种定式思维在起束缚作用？我们是否应该换个角度去看问题了？

俗话说："天无绝人之路。"因为会绝处逢生。这是一句激励处于困难和逆境中的人们的话，但转机的出现也是有前提的，那就是我们要主动放下现在所追寻的错误的道路，及时悬崖勒马，进而果断寻找出路，拓展自己的死路，否则只能钻进死胡同而坐以待毙。

在困境中，绝不能撞了南墙才回头。只有放下无谓的固执，你才能冷静地用开放的心胸去做正确的抉择。

从前，有甲乙两个人，他们生活得十分窘迫，但两人关系却很要好，经常一起上山打柴。

这天，他们和以往一样上了山，走到半路，却发现了两大包棉花。这对于他们来说，是一大笔意外之财，可供家人一个月衣食丰足。当下，两人各自背了一包棉花，赶路回家。

在回家的路上，甲眼前一亮，原来他发现了一大捆上好的棉布，甲告诉乙，这捆棉布可以换更多的钱，可以买到更多的粮食，应该换

成背棉布。而乙却不这么认为，他说，棉花都已经背了这么久了，不能就这么放弃了，乙不听甲的话，甲只好自己背棉布回家。

他们又走了一段路，甲突然望见林中闪闪发光，走近一看，原来是几坛黄金，他高兴极了，心想这下全家的日子不用愁了，于是，他赶紧放下肩上的布匹，拿起一个粗滚子挑起黄金。而此时，乙仍然不愿丢下棉花，并且他还告诫甲，这可能是个陷阱，还是不要上当了。

乙不听甲的劝告，只好自己挑着黄金和甲一起赶路回家。走到山下时，天居然下起了瓢泼大雨，两人都湿透了。乙更是叫苦连天，因为他身上背的棉花吸足了雨水，变得异常沉重，乙不得已，只能丢下一路辛苦舍不得放弃的棉花，空着手和挑黄金的甲回家去。

故事中的甲和乙为什么在收获上会有如此的不同？很简单，因为背棉花的乙不懂变通，只凭一套哲学，便欲强度人生所有的关卡。而甲则善于及时审视自己的行为。

诚然，为了适应未来激烈的竞争，每位青少年朋友都应该训练自己的胆魄和毅力，但同样需要头脑和智慧。没有头脑的人，一旦遇到阻碍，就会为自己设置一个“不可能”的思维模式。而事实上，只要你转换一下思维，拓宽自己的思路，其实，出路就在眼前。比如，学习中，当你运用以往的解题方法无法找出答案的时候，你就应该及时放弃再寻找其他方法。

当然，要想开拓思路，你必须懂得反省，及时悬崖勒马。

其次，你需要敢于开拓和尝试。变通思维是创造性思维的一种形式，是创造力在行为上的一种表现。思维具有变通性的人，遇事能够举一反三，闻一知十，触类旁通，因而能产生种种超常的构思，提出与众不同的新观念。科学领域中的任何建树，都需要以思维的变通为前提。一般来说，懂得思维变通，就会“柳暗花明”。

在这个世界上，从来没有绝对的失败。在现实生活中，善于思考问题、善于改变思路，你一定会率先赢得机遇，在困境中也会创造出“柳暗花明”的奇迹。

第19章 创新能力——打破常规，另辟蹊径有出路

未来社会，是否拥有创新能力对于竞争的重要性早已毋庸置疑。生活中的青少年朋友，都是未来社会的主人，应当具有锐意变革的精神，从而使自己处于竞争中的有利地位。而实际上，说到创新并不是一件易事，因为我们每一个人都有一个固定的思维方式，在这个思维方式中我们所有的想法做法都是在一定的范围内的，因此，要做到创新，你首先要学会打破固有的思维方式，并学会尝试运用你从来没有运用过的方式来解决一个问题，这样你会做得更好。

创新让一切与众不同

曾有人这样诠释创新：“你只要离开常走的大道，潜入森林，你就肯定会发现前所未有的东西。”

自古以来，人类就是在不断地创新中不断进步的，可以说，人类如果没有创新，只会停滞不前。同样，作为未来社会生力军的青少年朋友们，更要培养自己的创新能力。因为未来社会，一个人是否能保持思考创新，直接关系到他的事业成败，只有创新才能激活自己全身的能量。有这样一则故事：

众所周知，在外太空低温失重的状态下，宇航员在太空舱里用墨水笔写不出字。美国太空总署为了解决这个问题，专门拨出一大笔科研经费，组织了一批科研人员攻关，花了很大代价，终于研制出了一种在低温无重力下能写出字的“太空笔”，取得了了不起的成就。而苏联的宇航员则换一种思路，改用铅笔，轻松地解决了在太空舱书写的问题。

这则故事给青少年朋友们的启示是多方面的。有时候，灵光一现似的转换一种思路给我们带来的创新效益更让人耳目一新。在环境不变的情况下，转变思路，换种方式也许更容易走向成功。

的确，知识社会的秘密就在于创造力。正如画家笔下的世界，一张纸、一支画笔，基本颜色永远只有那几种，无非线条和点的组合，每个元素都没有新的发明，但由于画家的创造力，它就能具备无限的艺术价值。

人们常说：“创新始于天才。”其实，应该说“天才始于创新”才合乎情理。“天才”与大家一样，原本都是普普通通的人，重要的区别就是他们敢于创新、敢于寻找自己的“路”罢了。创新的成功，总是孕育着创新者的强烈创新意识。要想摆脱传统观念和习惯思维的局限，就要鼓励自我打破思维禁锢，突破常规的路线，激活创新的意识。

那么，青少年朋友们，你该如何提高自己的创造力呢？

1. 善于变被动为主动

萧伯纳有一句名言：“明白事理的人使自己适应世界，不明白事理的人想使世界适应自己。”

人的成长就是一种不断适应和调整自己的过程。生活中，那些在学习和工作上被动的人，最终都找不到前方的路，而那些积极上进的人，他们都敢于创新，即使他们遇到了暂时的困惑，最终他们也能走出低谷，有所成就。

2. 敢于打破各种定见和共识

要想成为一名拥有创造力的人：第一，要破除迷信权威的定式。

第二，要破除没有独立判断力和思考力的"从众定式"。在传统社会中，大部分人的行为选择其实都是从众的结果，很少经过自己独立的深思熟虑。第三，要破除观念思维、经验主义等主观定式，不要给自己上思维枷锁，我们不仅要敢于挑战专家的权威，也要敢于自我否定。

3. 敢于坚信自己

对于一个创造型人才来说，自信非常重要。拥有自信，才能够不怕失误、不怕失败地去进行新的尝试。在大多数情况下，不敢自信走"小路"的人，也难成为创业型人才。

事实上，每个人都有自己的创新意识，有的时候只是处于隐蔽状态，未曾开发出来而已。只要你敢于突破常规、敢想敢干，一定能够突破自我。

突破常规，超越现在

比尔·盖茨说："所谓机会，就是去尝试新的、没做过的事。可惜在微软神话下，许多人要做的，仅仅是去重复微软的一切。这些不敢创新、不敢冒险的人，用不了多久就会丧失竞争力，又哪来成功的机会呢？"

生活中，我们经常说要打破思维定式。这里的思维定式，就是按照积累的思维活动、经验教训和已有的思维规律，在反复使用中形成的比较稳定的、定型化了的思维路线、方式、程序、模式。思维定式有时有助于问题的解决，有时会妨碍问题的解决。

事实上，一个人之所以能够迈出众人的行列，一半在于他的努力与智慧，一半在于他恰逢时机地打破了常规。

一天，某公司总经理向全体员工宣布了一条纪律："谁也不要走进

8楼那个没挂门牌的房间。”但是，他没有解释为什么。此后真的没人敢违反他的这条“禁令”。

三个月后，公司又招聘了一批员工。在全体员工大会上，总经理再次将上述“禁令”予以重申。这时，只听一个新来的年轻人在下面小声嘀咕了一句：“为什么？”总经理听到后并没有因这位新人的不礼貌而恼怒，只是满脸严肃地答道：“为什么！”回到岗位上，那个年轻人百思不得其解，还在思考着总经理为什么要这样做。其他工友则劝他只管干好自己的那份差事，别的不用瞎操心。因为“听总经理的，总是没错”。可那个年轻人偏偏来了犟脾气，非要把事情弄个水落石出不可。于是他决定冒公司之大不韪，走进那个房间探个究竟。

这天，他爬上8楼，轻轻地叩了叩那扇门，没有反应。年轻人不甘心，进而轻轻一推，虚掩着的门开了（原来门并没有上锁）。房间里没有任何摆设，只有一张桌子。年轻人来到桌旁，看到桌子上放着一个纸牌，上面用毛笔写着几个醒目的大字——“请把此牌送给总经理”。

年轻人拿起那个已落满灰尘的纸牌，走出房间似有所悟，乘电梯直奔15楼总经理办公室。当他自信地把纸牌交到总经理手中时，仿佛期待已久的总经理一脸笑意地宣布了一项令年轻人感到震惊的任命：“从现在起，你被任命为销售部经理助理。”

在后来的日子里，那个年轻人果然不负厚望，不断开拓进取，把销售部的工作搞得红红火火，并很快被提升为销售部经理。事后许久，总经理才向众人作了如下解释：“这位年轻人不为条条框框所束缚，敢于对上司的话问个‘为什么’，又勇于冒着风险走进某些‘禁区’，这正是一个富有开拓精神的成功者应具备的良好素质。”

其实，很多成功的门都是虚掩着的，只有勇敢地去叩开它，大胆地走进去，就能探寻出个究竟来。或许，那时呈现在你眼前的真的就是一片崭新的天地。

可见，如果什么事情你只会做“规定动作”，而不能突破自我、超越别人，就难以在未来社会激烈的角逐中夺魁。而要摆脱和突破一种

思维定式的束缚，常常需要付出极大的努力。为此，你需要做到：

1. 培养灵活的个性

善于适应环境表现出了人的灵活的个性，它能调节与环境的关系；优化自己的心境和情绪；促进自己内在的动力。人们常说，性格决定命运，你一旦培养了自己这一方面的性格，也就获得了成功的入场券。

2. 不苛求自己和他人

不苛求，就是要做到情感和生活上的超脱，不为小利小益局限自己的思维。一个人如果把眼光放长远，必定能做到思维独到。

你只有做一个能灵活处世、善于变通的人，勇于向一切规则挑战，敢于突破常规，才可以在未来社会获得他人所无法取得的胜利。

独立思考，切勿人云亦云

一个人要做到思维创新，就不能人云亦云，就要做到独立思考，因为创新本身就是与众不同的。

一位心理学家称，每个人都容易羡慕别人，因为在比较中，你总会发现比你优越的人。很多人不禁感叹，自己何时能赶上别人？世界著名的成功学大师拿破仑·希尔著有《思考致富》一书。在书中，他提出是“思考”致富，而不是“努力工作”致富。而其实，无论是财富还是成功，都来源于创新，而创新则来源于独立的思维，人云亦云者永远无法做到创新。

对于处于青春期的你们来说，做到独立思考，不仅是培养你们独立性的需要，更是培养创新能力的前提。

法国心理学家约翰·法伯曾经做过一个著名的实验，他把许多毛毛虫放在一个花盆的边缘上，使其首尾相接，围成一圈。在花盆周围不远的地方，他撒了一些毛毛虫喜欢吃的松叶。毛毛虫开始一个跟着一个，绕着花盆的边缘一圈一圈地走，一小时过去了，一天过去了，又一天过去了，这些毛毛虫还是夜以继日地绕着花盆的边缘转圈，一连走了七天七夜，它们最终因为饥饿和精疲力竭而相继死去。其实，如果有一个毛毛虫能够破除尾随的习惯而转向去觅食，就完全可以避免悲剧的发生。后来，科学家把这种喜欢跟着前面的路线走的习惯称为“跟随者”的习惯,把因跟随而导致失败的现象称为“毛毛虫效应”。

这个效应告诉我们，盲目地跟随他人不一定有好结果，我们的生活需要创造力。创造力是指产生新思想，发现和创造新事物的能力。

那么，青少年朋友们，该如何培养自己独立思考的能力呢?

1. 学会发表意见

无论是在课堂还是家庭中，你都应该主动站起来表达自己的观点。比如，在课堂上，当老师提问时，你不应该畏首畏尾，而应该大胆地站起来发言，即使你的回答不对，但至少你获得了一个锻炼的机会。再如，对于家庭中出现的某些问题，你也可以和父母讨论，也许你的想法会帮助到父母。

2. 学会表达自己的需要

对于你内心的想法，你要学会告诉家长、老师，否则，他们便会左右你的想法和观点。

3. 敢于否定他人

独立思考是否定他人、提出不同意见的前提，反过来，你也会逐渐学会独立思考。

4. 独立面对各种难题

正如一位名人所说：“所谓成长，就是去接受任何在生命中发生的状况。即使是不幸的、不好的，也要去面对它，解决它，使伤害减至最低。所谓的成长、智能、成熟，都不过如此。”这样的你才能独当一面，

成为一个自立自强的人。

生活中的青少年朋友，都是未来社会的主人，应当具有锐意变革的精神，从而使自己始终处于竞争中的有利地位。然而，要做到创新和变革，就必须破除思想上的依赖，学会独立思考。

恪守老经验让你永远无法进步

一个人的思考陷入某种定式思维大多是不自觉的，而要摆脱和突破这种定式思维的束缚，常常需要自觉地付出努力。

有人说，世界就如同一个棋盘，而人就像一个“卒”，冲过“楚河汉界”之后方可横冲直撞，实现自己的人生价值。每个人都被一个无形的界限约束着，限制着，有的人不敢突破界限，只是规规矩矩在界内生活、工作，最终只能碌碌无为、平庸一生。而有的人却敢于突破界限，摆脱那些繁文缛节，因而他们欣赏到了界外不一样的风景，领略了界外不一样的精彩，活出了非同寻常的精彩人生。

从现在起，不管是学习还是做事，你都应该努力从僵化的思维方式中走出来，积极倡导创新的思想。如果一味恪守前人的经验，就会使自己的思维陷入僵硬的条条框框，从而在固定不变的思维方式中失去机遇，最终给生活与事业带来无法弥补的损失与影响。

美国历史上，有位很出名的科普作家叫阿西莫夫。他从小就很聪明，在一次智商测试中，他的得分在160左右，因此，被证明是天赋极高者。而阿西莫夫本人，也一直为此自鸣得意。

一次，他遇到一位老熟人，这个人是一名汽车修理工。修理工对阿西莫夫说：“嗨，博士！今天我也来测测你的智商，看你能不能回答出我的思考题。”

阿西莫夫点头同意。修理工便开始说题：“有一位既聋又哑的人，来到五金商店，准备买一些钉子，不能说话的他只好通过手势来表达自己的意思，他对售货员做了这样一个手势：左手两个指头立在柜台上，右手握成拳头做出敲击的形状。售货员见状，先给他拿来一把锤子，聋哑人摇摇头，指了指立着的那两根指头，于是售货员就明白了，聋哑人想买的是钉子。聋哑人买完钉子，刚走出商店，接着进来一位盲人。这位盲人想买一把剪刀，请问：盲人将会怎样做？”

顺着修理工给自己的思路，阿西莫夫顺口答道：“盲人肯定会这样。”他边说边做了一些示范，他忙伸出食指和中指，做出剪刀的形状。汽车修理工见状笑了：“哈哈，你答错了吧！盲人想买剪刀，只需要开口说‘我买剪刀’就行了，他干吗要做手势呀？”

智商160的阿西莫夫，顿时哑口无言，不得不承认自己确实是个“笨蛋”。而那位汽车修理工人却继续说：“在考你之前，我就料定你肯定要答错，因为你受的教育太多了，不可能很聪明。”

这里，修理工所说的“你受的教育太多了，不可能很聪明”，并不是说因为学的知识多了人反而变笨了，而是因为人的知识和经验多，会在头脑中形成较多的思维定式。

固定的思维方式容易把人的思维引入歧途，也会给生活与事业带来消极影响。要改变这种思维定式，需要随着形势的发展不断调整、改变自己的行动。任何一个有创造成就的人，都是战胜常规思维的高手。

的确，现阶段的你的确应该积累知识，但不要被这些既定的知识限制自己的思维，要敢于想象，敢于尝试。我们都知道吉尼斯，它激励人们勇于超越思维的界限，他的创建者懂得突破“界”后的乐趣与精彩。有了吉尼斯，也便有了身体上的、思想上的界限的不断突破。那么，青少年朋友们，为什么不发挥吉尼斯所要求的这种精神呢？

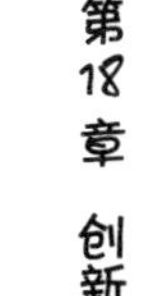

敢于尝试，冒险也要有谋略

> 智是一种识见，勇是一种胆魄。有谋无勇，会因缺乏胆魄而夭折。有勇无谋，也将因缺乏智慧而失败。

人们常说：“成功取决于思考和智慧。”蛮干之人，没有思想之人，不管付出多大代价和牺牲，也难以成功。曾经统治罗马帝国的伟大的哲学家巴尔卡斯·阿理流说：“生活是由思想造成的。”恩格斯也曾慨叹：“地球上最美丽的花朵——是思维着的精神。”思想和智慧来自于对知识不懈的追求。谁勤于培溉自己的思想之花、智慧之苗，谁就能收获累累硕果。

生活中的每个青少年朋友，都应该认识到智慧在创新过程中的重要性，如果你是个什么都敢于尝试的人，那么，你是一个勇者，但如果你希望获得成果，那么，你还要有谋略，学会用智慧指导行动。要知道，机遇是个挑剔的女神，只垂青于肯动脑筋、爱用智慧的经营者。没有全面的素质和一双洞察机遇的眼睛，又怎能开启成功创富的慧泉呢？

的确，做任何事，要想取胜，都不能鼠目寸光，急功近利，跟风冒进，而要有长远的眼光，顺应形势的要求，把握时代的脉搏和趋势，从而因势利导，采取适当的措施。

那么，青少年朋友们，在创新过程中，你该如何做到智取呢？

1. 勤于思考

要有智慧，就要有一颗善于思考的头脑。真正的“有头脑”，指的是善思考、勤实践，有思想、智慧、远见、卓识和才干。一个人虽然长着脑袋，但若不善于运用，没有思想、智慧、远见、卓识和本领，是不能算是有头脑的。

2. 坚定自己的信念

不要走别人走过的路，而要走没有人走过的路，并留下自己的脚印。要敢于做别人做不到的事情。当你想要突破常规，做别人没做过的事的时候，你周围的人可能会认为你不正常、异想天开，因此而嘲笑你、疏远你。这些都不重要，重要的是，你做到了他人无法做到的事情，这也是现在及未来让你感到自豪的事情。

3. 挖掘自己的潜质

也就是说，你不一定要彻头彻尾地改变、否定以前的一切，你可以对自己的资源进行一种全面整合，也可以对自己未知的潜质进行挖掘。很多事实证明，有所成就者，并不一定是学历最高、最“守规矩”、最勤快的人，而是那些肯动脑筋、突破常规的人。

4. 撞了南墙一定要回头

有人认为，坚持到底就会胜利，但前提是，你的思路是正确的。对于不适合你的路，你不要一成不变，过于死板。当你有既定目标时，一定要坚持不懈，但也不能太强硬，不知变通。如果行不通的话，就要尝试换一种方式去努力。

坚守的不一定都是正确的，舍弃的未必都是可惜的。适时转变思路，调整方向，也许就会柳暗花明，也许就会天堑变通途，成就你成功的人生。

5. 全面地分析形势，找准自己的出路，从而立于不败之地

当我们陷入生活和事业的困厄中，找不到出路时，便产生了困惑和茫然的感觉。此时，我们应该使自己冷静，并保持清醒，全面分析现状，然后转变思路、大胆创新，为自己开辟一条崭新的出路。

当然，风险越大，报酬越高。机遇稍纵即逝，优柔寡断，迟疑不决，将会错失良机。所以，你还需要有勇气。只有敢作敢为的人，才敢于承担责任和风险，才敢于直面困难和障碍，挫折和失败，才能抓住机

遇获得成功。

敢为人先者，就能第一个抓住机会

“年轻就是资本”，任何一个青少年朋友，都还处在人生的初期阶段，都应该学会解放自己，解放思想，做到敢为人先，抓住第一个机会。

生活中，我们不难发现，很多青少年朋友，经常埋在书海中，每天除了学习就是做题，年纪轻轻，就显得过于老成，他们满脑子都是危机意识，做事时也总被条条框框束缚而不敢释放自己，最终他们只能碌碌无为。

在第一次世界大战期间，法国有个很著名的上校叫泰勒，当时，他任第六师师长，他的处事方式很令人钦佩。

有一次，他与儿子告别时，告诫儿子："孩子，记住：你的姓是泰勒，泰勒这个姓代表着做事能力。你永远不可以靠边站，让出路给其他敢于冒险的人走。你要冒险向前使他们让出路来给你走。"

接着，他继续说道："大街上行人拥挤，交通阻塞。当呼啸的消防车飞驰而过时，大家都自动地让出路来。当然你偶尔也会感到沮丧、软弱，但这正是你需要鼓起战斗勇气的时刻。只要你迈步向前，沮丧、软弱都会躲开你。"

勇敢地尝试新事物，可以发现新的机会，使你迈进从未涉猎的领域。生命原本是充满机会的，千万别因放弃尝试而错过机会。

事实证明，如果能够跨越传统思维障碍，掌握变通的艺术，就能应对各种变化，在变化中寻找到新机会，在变化中获取新利益。在我们的生命中，有时候必须作出困难的决定，开始一个更新的过程。只要我们愿意放下旧的包袱，愿意学习新的技能，我们就能发挥自己的潜能，创造新的未来。我们需要的是自我改革的勇气与再生的决心。

因此，21 世纪的青少年朋友，你应该跨越传统思维的障碍，应该时时刻刻寻求新的变化，并敢于释放自己、改变自己。当然，要做到敢为人先，你还必须从当下的生活和学习中加以练习。为此，你需要做到：

1. 丰富自己的知识结构以开阔视野

在我们的日常生活和工作中，常常用视野比喻人的眼界开阔程度，眼光敏锐程度，观察与思考的深刻程度等。可以说，视野是否开阔，是衡量人的综合素质的重要标尺。

而视野开阔与否，取决于对知识掌握多少，取决于思想理论水平的高低。常言道，学然后知不足。勤于学习的人，越学越能发现自己的不足，于是想方设法充实自己、提高自己，学到更多的东西，视野会越开阔，跟上时代的步伐。

2. 打破现有的安逸假象

一个人不愿改变自己，往往是舍不得放弃目前的安逸状况。而当你发觉不改变不行的时候，你已经失去了很多宝贵的机会。

因此，即使你现在每天衣来伸手饭来张口，但你必须明白，未来社会，你必须一个人生存、参与社会竞争，你必须有随时改变自己、更新自己的意识。

3. 在心理上超越“不可能”的思想观念

任何人想要解决问题，必须在思想上超越问题。这样，问题就不会显得如此令人畏惧，而且他会产生更大的信心，深信自己有能力去解决它。

当你进行尝试时，你难免会产生一种“不可能”的念头，比如，认为自己不能解决某道被人认为很有难度的数学题，但对此，你必须从心理上超越它，只有这样，你才能站在高高的位置上，低头俯视你的问题。

任何成功都源于改变自己，你只有不断地剥落自己身上守旧的缺点，才能做到敢为人先，才能抓住第一个机会，才能实现自己的进步、完善、成长和成熟。

开发你的大脑，挖掘你的想象力

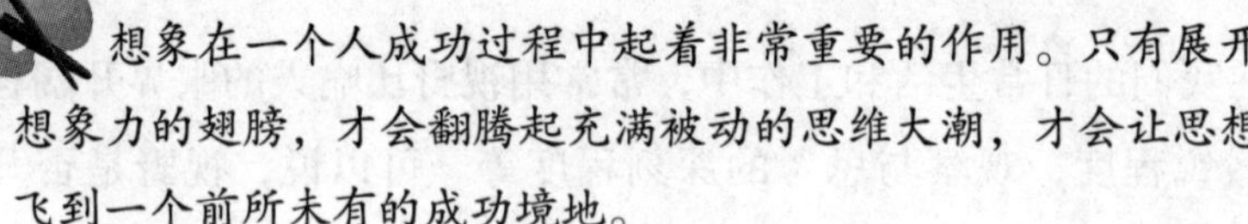

想象在一个人成功过程中起着非常重要的作用。只有展开想象力的翅膀，才会翻腾起充满被动的思维大潮，才会让思想飞到一个前所未有的成功境地。

爱因斯坦说："想象力比知识更重要。"的确，在创新的过程之中，最可怕的是想象力的贫乏。可以这样说，人的一切发明与创造都源于想象力。一个人一生的成就，全归功于他能建设性地、积极性地利用想象力。有与众不同的想法，才能有与众不同的收获。因此，任何一个尚处于成长期的青少年朋友，都应该在日常生活中多开动你的大脑，培养自己的创造性思维和创造力。

曾经有两个人，他们一起出差。这天，完成工作任务的他们来到大街上闲逛，其中一个人看见路边一个老妇在卖一只黑色的铁猫，细心的他发现，这只铁猫的眼睛很特别，应该是宝石做的，于是，他询问老妇能不能用一整只铁猫的价钱来买一双眼睛，老妇虽然不太高兴，但最终还是同意了，然后把这只铁猫的眼珠子取出来卖给了他。

回到宾馆以后，他迫不及待地把自己的经历告诉了同伴。同伴听后，问清楚了事情的前因后果，然后问他老妇在哪里，说自己想买剩下的那只铁猫。

于是，他便把地点告诉了同伴，同伴拿了钱立即就去寻老妇了。一会儿，他把铁猫抱了回来。他说，既然这只铁猫的眼睛都是宝石做成的，那么，这只铁猫的猫身肯定也价值不菲，于是，他拿起铁锤往铁猫身上敲，铁屑掉落后发现铁猫的内质竟然是用黄金铸成的。

这里，我们不得不佩服这个最后买走缺了眼睛的铁猫的人，他的思维是独特的。的确，既然猫的眼睛是宝石做的，那么它的身体肯定不会是铁。正是这种逆向思维使同伴摒弃了铁猫的表象，发现了猫的黄金内质。

青少年朋友们，你若想开发自己的大脑，从而挖掘自己的想象力，你需要从以下几个方面努力：

1. 善于从现象引发思考

这就需要你勤于观察，勤于思考多问问自己为什么会有这样的现象、有没有更好的解决办法等。

2. 发挥自己的想象力，主动推断事物的发展方向

弦动别曲，叶落知秋。有经验的人多能观天气而知风雨，有智慧的人也大多理解察微知著。有智慧的人不会消极地期待事情的自然成果。他们能够见机而作，根据事物细微的变更，断定事情的发展趋势，及时掌控事情的发展方向与速度。这是培养想象力的有效方法。

创新并不是一时之功，创新更需要人们出奇制胜，当大家都朝着一个固定的思维方向思考问题时，你不妨换个角度思索，这实际上就是以“出奇”来达到“制胜”。这种思维方式一旦运用到学习中，学习效率就会大大提高。

第19章

自理能力——自强自立，自事自理

当今社会，我们不得不承认这样一个事实，随着物质文化生活水平的提高，很多青春期的孩子都过着衣来伸手饭来张口的生活，什么都由父母包办，他们凡事找父母，有强烈的依赖性，认为万事万物得来全不费工夫。事实上，这样的孩子是长不大的。因为一个健全的社会人必须具备一项能力——自理能力，学会自立，才能自强。因此，无论你的自理能力如何，你都必须从青春期就开始有意识地历练自己，只有这样，你才能在未来社会收获成功。

责任为先，坚决不逃避

责任就是粒渺小的种子，一旦把它播种在你的心中，随着时间的推移，它就会生根、发芽。要不了多久，它会成为小树苗，最后成为参天大树。经过努力，它会开花，点缀你的人生，最后结果，这是对你尽责任的回报。

责任，对于任何人来说都是不可推卸的，它体现了一种社会必然性。人活着，就意味着要承担责任。一个责任心强的人，即使经受再大的困难，也不会抛下责任。每一位青少年朋友都是未来的主人，只有积极把责任心的培养融入日常生活中，才能在未来担起家庭、社会乃至国家的责任，才能成为一个合格的社会人。

一个人如果养成了高度的社会责任心，对国家、对社会和对他人负责，自然也就能摆正个人利益与社会利益的关系，从而达到应有的道德境界。

可见，对于处于成长期的你们来说，要想把自己历练成为一个成熟的社会人，就要从现在开始担起各种各样的责任，对此，你需要做到：

1. 要学会去帮别人分担一些忧患

当然，这种分担要在自己能够承受的范围内。例如，在家庭里我们要担当起作为家庭一份子的责任；在班级里要担当学生的责任；在国家要担当公民的责任……

作为父母的孩子，你应开始学会为父母分担忧愁了，即使有时候你并不能帮上什么忙，但你的关心也会让他们舒心很多；而在学校，作为学生的你，是集体的一分子，你就有责任维持集体的秩序，努力学习；课下，你还是一个社会人，看到不公平的社会现象，你也有责任制止……

2. 努力学习，对自己负责

在这个社会里，每个人都肩负着自己的责任。做好自己的本职工作，不仅是对他人负责，更重要的是对自己负责。作为学生的你，现阶段你的任务就是努力学习，只有充实自身与内心，日后才能有担当，才能在未来做好社会赋予的工作，才能达到自我价值的体现。

3. 关心国家，关心社会

我们都生活在一个大集体中，那就是国家和社会，有国才有家，每位青少年朋友也都懂得这个道理。那么，从明天起，不要只关心自己的学习或者最新流行元素，应多关心国家和周围发生的时事吧。

一个逃避责任的人注定失败，而一个勇敢承担责任的人，即使没有傲人的成就，也是生活中真正的强者，真正的赢家。

自强者必先自立

陶行知先生曾经说过：“滴自己的汗，吃自己的饭，自己的事情自己干，靠人靠天靠祖宗，不算是好汉。”人生的道路总是曲曲折折的，不会一帆风顺。一个人有了自强自立的精神，就会有勇气克服困难，使自己的生命之火熊熊燃烧，就可以迎接生活的挑战！

从人类社会发展的历史来看，人生必须具备谋生、抵御生活历练和趣味化生活这三种能力。无论远古还是当今，一个人，要想具备这三种能力，都必须有个前提，那就是自立，自立才能自强，才能有所担当。然而，现代社会，我们发现，因为各方面的原因，很多青春期的孩子都有依赖性格，他们喜欢将自己的需求依附于别人，过分顺从于别人的意思，一切悉听别人决定，生怕被别人遗弃。他们当然就缺乏独立性，不能独立生活，在生活上多需他人为其承担责任，做任何事都没有主见，在逆境和灾难中心理更容易扭曲。

关于这一点，有个著名的狐狸法则。

狐狸世界的法则是：它们一到成年，便不再与父母住在一起，它们也不靠父母养活，而是自己想方设法生存下来。

在它们还很小的时候，老狐狸就教它们如何捕食，当它们长大成熟后，老狐狸是不允许它们留在身边的，即使小狐狸不愿意，它们也会把小狐狸赶走，让它们独立生存、生活，去开拓新的领域。其实，我们人类何尝不应该如此呢？如果你不知道如何生存，那么你将在激烈的社会竞争中被淘汰。

其实，人生成功的过程也就是个人克服自身性格缺陷的过程。因此，每个青少年朋友都必须从现在起学习自立。

香港巨富李嘉诚的名字早已家喻户晓，尽管他拥有亿万家财，但对于子女的教育问题，他一直比较重视，并且，他非常注重培养孩子的独立生活的能力，他之所以这样做，是为了让孩子练就一种靠自己生存的本事。

李嘉诚有两个儿子，就在他们还是八九岁时，他们就遵循父亲的意思经常参加董事会，并且，他们不能只是旁听，还必须发表意见和见解。这样做的好处在于，他们能看到长辈们是如何处理公司的事务，能锻炼自己处理和分析问题的能力。

后来，他们都考上了美国斯坦福大学。毕业后，他们也曾向父亲表示想在他的公司里任职，干一番事业。李嘉诚断然拒绝了他们的请求。

李嘉诚是这样对两个儿子说的："我的公司不需要你们！还是你们自己去打江山，让实践证明你们是否合格到我公司来任职。"

于是，他们都去了加拿大，一个搞地产开发，一个去了投资银行。他们凭着从小养成的坚忍不拔的毅力克服了难以想象的困难，把公司和银行办得有声有色，成了加拿大商界出类拔萃的人物。

李嘉诚教育孩子的方法无疑是正确的，父母作为孩子成长的坚实后盾，永远在孩子的身后给予他最多的支持与信任，越早放手越是父母对孩子最大的爱。而从他的教育方式中，青春期的你，也应该获得启示，凡事靠自己，形成独立的性格，才能真正成为一个自强的人。

易卜生先生曾经说过："世界上最坚强的人就是独立的人。"是的，因为自立的个人才会有所作为，自立的国家才不会受欺负，实现繁荣富强。这些无疑说明了人要学会自立，更要懂得自立。因为总有一天你会长大，许多事情都要自己解决，自己面对。我们不能事事都依赖于他人，因为不懂得自立就会被社会所淘汰。

的确，不自立的人是长不大的，因为他们习惯于依赖他人，完完全全失去主见，处事不能当机立断，没勇气和自信把握时机，致使千载难逢的好机会白白流失，何来成功？只有自立的人凭借一番胆识，才能攀上胜利的顶峰，看见山那边的海！

不要什么事都指望别人

依赖心理是日常生活中较为常见的一种心理表现，其主要特征是不自立、不自信、不自主，常常依赖他人，喜欢听他人的意见和指导，做事犹豫不决，很难单独实施自己的计划或做自己的事。

我们都知道，现代社会，大多数家庭的孩子都是独生子女，是爸爸妈妈、爷爷奶奶、外公外婆的掌上明珠。衣来伸手、饭来张口的溺爱行为导致大多数孩子的生活自理能力极差，缺乏自信，什么事都指望别人。

事实上，这种依赖心理和依赖行为是有很大的危害的。它不仅会造成一个人失去独立生活的能力和精神，会使人缺乏对生活的责任感，造成人格的缺陷，还会使人产生不劳而获的思想，一味地贪图享受，不能适应现代生活，甚至危害社会和他人，走上违法犯罪的道路。

在所有人眼里，宁宁一直是一个优秀的孩子。为了让宁宁能够集中精力学习，父母可谓是操碎了心。除学习以外的任何事情，父母都会代替宁宁去干。吃饭时，妈妈会及时地把饭端到他的手边；衣服脏了，当然也是妈妈的事；笔记本用没了，也是妈妈亲自去买。到了高中毕业，他连自己的袜子都未曾洗过，他习惯了饭来张口，衣来伸手的生活，而且有时还为自己的这种生活沾沾自喜。高中毕业后，他以优异成绩考到了上海某所名牌大学，这是他梦想中的大学。这年九月，他和所有学子一样，来到了上海这个大都市。然而，没过多久，他就遇到了许多困难：他不会买饭，不会洗衣，甚至经常找不到上课的教室，也不知道该如何和同学相处。虽然好心的同学也在不断地帮助他，但还是难以解决他的适应问题，这令他万分苦恼。无奈之下，他只好提出了休学的申请，学校根据他入学以来的表现同意了他的请求。

从宁宁的经历中，我们看到了凡事都依赖他人的危害。每位青少年朋友，都要主动告别依赖。要做到这点，就要学会纠正平时养成的习惯，具体来说，你需要做出这样的改变：

1. 要破除习惯性的依赖

依赖型人格的依赖行为已成为一种习惯，首先必须破除这种不良习惯。你可以查一下自己的行为中哪些是习惯性地依赖别人去做，哪些是自作决定的。可以每天做记录，记满一个星期，然后将这些事件分为自主意识强、中等、较差三等，每周一小结。

2. 要增强自控能力

对自主意识强的事件，以后遇到同类情况应坚持做。对自主意识中等的事件，应提出改进方法，并在以后的行动中逐步实施。对自主意识较差的事件，可以通过采取提高自我控制能力来提高自主意识。

3. 独立解决问题

依赖性是懒惰的附庸，而要克服依赖性，就要在多种场合提倡自己的事情自己做。因此，生活中，你再也不要让家长当你的贴身丫鬟了，也不要让家长帮你安排所有事。比如，独立地解一道数学题，独立准备一段演讲词，独立地与别人打交道等。

从现在起，你必须提高自己的动手能力，多向独立性强的同学学习，不要什么事情都指望别人，遇到问题要做出属于自己的选择和判断，加强自主性和创造性，学会独立地思考问题。独立的人格要求具备独立的思维能力。

任何一项工作都要做到位

杰克·韦尔奇曾说过："干事业实际上并不依靠过人的智慧，关键在于你能否全身心投入，并且不怕辛苦。实际上，经营一家企业不是一项脑力工作，而是体力工作。"

荀子曾在《劝学》一文中写道："不积跬步，无以至千里；不积小流，无以成江海。"这句话告诉我们重视细节与基础的重要性。举个很简单的例子。盖房子时，只有基础打结实了，才可以盖出漂亮坚实的房子。同样，无论你将来从事什么工作，你都必须从现在起培养自己认真做事的态度。实际上，用心做好每件事，这不仅是工作的原则，更是人生的原则。

然而，不得不承认的是，生活中，很多青春期的孩子都有做事马虎的毛病，其实，做事马虎并不是因为你粗心，而是你没有摆正态度。如果你不端正态度，那么，不但会影响你的学习成绩，升学考试，还有可能给人们的生活带来不幸，给社会带来灾难。"小马虎"从表面上看似乎不是什么大毛病，但若不及时纠正，却可能造成严重后果。

有一位退休的老员工告诫刚参加工作的儿子："无论以后从事哪种工作，都要全身心地投入。能做到这一点，就不会为自己的前途操心。世界上到处是散漫粗心、三心二意的人，那些心无旁骛、全身心投入工作的人始终是不用愁没有工作的。"无疑这位父亲是睿智的。

这位父亲的话鲜明地揭示了一个放之四海而皆准的真理：一个人无论身居何处，无论从事何种职业，首先都要全身心投入其中，尽自己最大的努力，求得不断的进步。有些人之所以能够取得成就，原因就是他在某个领域一定全身心投入过。

为此，要养成把每件事都做到位的习惯，你需要做到：

1. 自己的事情自己做

比如，上学前自己整理该拿的东西；外出之前，自己准备外出所

带的食品和衣物。如果你忘记了，那么，你一定会吸取教训，时间一长，必然会变得细心了。

2. 从培养好的生活习惯做起

不难发现，如果一个孩子的房里一团糟，鞋子东一只西一只，他的作业往往字迹潦草、页面不整，做事丢三落四、凭兴致所至，观察没有顺序、思考缺乏条理，表现出典型的马虎粗心的特点。

因此，你需要从生活中的小事做起，不断培养自己良好的生活习惯，能减少自己的马虎粗心。常用方法是：自己整理自己的衣橱、抽屉和房间，培养自己仔细、有条理的习惯；自己安排自己的课余时间和复习进度表，培养有计划、有顺序的习惯。

3. 学习时集中精力

有些孩子在做作业时，或看电视、或上网、或耳朵上戴着耳机摇头晃脑地唱着歌儿。试想，这样怎么能聚精会神呢?

4. 做任何事都要制订完善的计划和标准

要想把事情做到最好，你必须在心中为自己设定一个严格的标准，并且，在做事时，你一定要按照这个标准来执行，绝不能马虎；另外，在作任何一项决策前，一定要思虑周全，并作广泛的调查论证，广泛征求意见，尽量把可能发生的情况都考虑进去，以免出现 1% 的漏洞，直至达到预期效果。

认真是任何人要做好一件事情的前提，如果对做什么事情都敷衍，草草出兵，草草收兵，必然做不好。然而，是否重视细节是一种习惯，要形成这种习惯，不能光说不练，而要靠平日里的习惯培养，久而久之，你也就有了自我控制的能力，也就能认认真真对待每件事，把每件事都做到位。

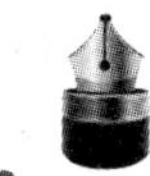

勤勉会让你有所收获

爱默生告诫我们："人总归是要长大的。天地如此广阔，世界如此美好，等待你们的不仅仅需要一对幻想的翅膀，更需要一双踏踏实实的脚！"

我们都明白一个道理，每一分的进步都不会凭空而降，每一阶段的小胜利也都不是靠运气就可以获得，化梦想为现实的道路，是一个人勤勤恳恳，一手一脚闯荡的过程。具备成功者的素质才会使你胸有成竹，而任何投机取巧只会让你心虚。因此，每一个处于知识积累阶段的青少年朋友都应该认识到勤勉的重要性，可能你会发出疑问：我现在已经上初、高中了，曾经没有努力学习，荒废了很多时间，现在努力会不会太晚了？当然不是，但你首先要收拾自己的心情，然后梳理好自己的思绪，从现在开始，为成功奋斗，"不叫一日闲过"！

著名画家齐白石年逾90岁,每天仍作画5幅。他说:"不叫一日闲过。"他把这句话写出来，挂在墙上以自勉。一次，他过生日。由于他是一代宗师，学生朋友很多，从早到晚，客人络绎不绝。白石老人笑吟吟地送往迎来，等到送走最后一批客人，已是深夜了。年老的人，精力是差了，他便睡了。第二天他一早爬起来，顾不上吃早饭就走进画室，摊纸挥毫，一张又一张地画着。家人劝他："你吃饭呀。""别急。"画完5张才用饭，饭后他继续作画。家里人怕他累坏了，说："您不是已画了5张吗？怎么还要画呢？""昨日生日,客人多,没作画。"齐白石解释,"今天多画几张，以补昨日的'闲过'呀。"说完，他又认真地画起来了。

齐白石已为画坛成功者，年迈之时仍不忘勤奋，这不正是告诉我们：奋斗不分年龄，只要你把握现在吗？

伟大的成功和辛勤的劳动是成正比的，有一分劳动就有一分收获，日积月累，奇迹就可以创造出来。这是绝对的真理。只有勤奋才是最高尚的，才能给人带来真正的幸福和乐趣。青少年朋友们，从现在开始努力吧。你需要做到：

1. 端正脚踏实地的态度

任何事情都必须具备勤奋的工作态度。真正的成功是一个过程，是将勤奋和努力融入每天的生活中，融入每天的工作中。成功没有捷径，它需要脚踏实地。

2. 习惯是最好的老师

如果勤奋已经成为一种习惯，那么，它也就能变成一件理所当然的事。就像习惯睡懒觉的人认为早起是痛苦的，但习惯于早起的人却把早起当成一件再平常不过的事，因为早起对于他们来说已经是一种习惯。

3. 要有坚定的决心和持之以恒的毅力

这是老生常谈的话题，但依然重要。那么，如何做到中途不放弃？你要有良好的心态，乐观的精神和自信心。很多人选择目标后又中途放弃，就是因为觉得坚持这么久，没有成果，觉得自己学的没有用。其实，条条大道通罗马，既然选择了自己的路，就要毫不犹豫地走，一直在原地徘徊，犹豫不决，不知是否该前进，只能让时间白白流走。

4. 要找到适合自己的勤奋之道，也就是方法

你可以根据自己的性格特征找到属于自己的一条路。如在看书上，每个人每天都有兴奋点比较高的一段时间，你在这段时间可以看一些自己并不是很感兴趣的书籍，而在心情比较低落的时候看一些自己喜欢的书籍，调节一下。

爱因斯坦说：“人的价值蕴藏在人的才能之中。在天才和勤奋两者之间，我毫不迟疑地选择勤奋，她是几乎世界上一切成就的催产婆。”如果你能做到勤奋学习、勤奋做事，你必当有所收获。

参考文献

[1] 耿军 . 创造力成就最优秀的孩子 [M]. 上海：华东师范大学出版社，2013.

[2] 张振鹏 . 赢在起点：孩子从优秀到卓越的 36 种能力 [M]. 北京：中国妇女出版社，2008.

[3] 希利尔 . 培育优秀孩子的 8 种习惯：希利尔讲教育 [M]. 北京：首都师范大学出版社，2012.